普通高等教
一五”国家级规划教材（本科）

化妆基础

徐家华　张天一　主　编
冯燕容　范丛博　副主编

中国纺织出版社

内 容 提 要

本书为普通高等教育“十一五”国家级规划教材（本科），全面而系统地阐述了有关化妆造型的基础知识和基本技能。本书介绍了与化妆相关的人的生理知识——脸部的基本形态，如不同的脸型、不同的肤质、不同的面部比例以及不同年龄、不同种族的面部特征等。通过有序的技能培训，使学生掌握化妆基础的美学知识、色彩知识、光学知识等，掌握在化妆中运用素描的原理进行打底色的技法训练和人物形象塑造技巧。

本书可作为服装专业、人物造型专业、形象设计专业等高等院校师生的教学用书，也可供化妆爱好者学习使用。

图书在版编目（CIP）数据

化妆基础/徐家华，张天一主编. —北京：中国纺织出版社，2009.10（2024.11重印）
普通高等教育“十一五”国家级规划教材. 本科
ISBN 978-7-5064-5755-2
Ⅰ. 化… Ⅱ. ①徐…②张… Ⅲ. 化妆—高等学校—教材
Ⅳ. TS974.1

中国版本图书馆 CIP 数据核字（2009）第 101874 号

责任编辑：孙成成　　责任校对：俞坚沁
责任设计：何　建　　责任印制：何　艳

中国纺织出版社出版发行
地址：北京朝阳区百子湾东里 A407 号楼（沿海赛洛城）　邮政编码：100124
销售电话：010—67004422　传真：010—87155801
http://www.c-textilep.com
E-mail：faxing@c-textilep.com
中国纺织出版社天猫旗舰店
北京通天印刷有限责任公司印刷　各地新华书店经销
2009 年 10 月第 1 版　2024年11月第21次印刷
开本：889×1194　1/16　印张：15.75
字数：179 千字　定价：58.00 元

出版者的话

全面推进素质教育，着力培养基础扎实、知识面宽、能力强、素质高的人才，已成为当今本科教育的主题。教材建设作为教学的重要组成部分，如何适应新形势下我国教学改革要求，与时俱进，编写出高质量的教材，在人才培养中发挥作用，成为院校和出版人共同努力的目标。2005 年 1 月，教育部颁发了教高［2005］1 号文件“教育部关于印发《关于进一步加强高等学校本科教学工作的若干意见》”（以下简称《意见》），明确指出我国本科教学工作要着眼于国家现代化建设和人的全面发展需要，着力提高大学生的学习能力、实践能力和创新能力。《意见》提出要推进课程改革，不断优化学科专业结构，加强新设置专业建设和管理，把拓宽专业口径与灵活设置专业方向有机结合。要继续推进课程体系、教学内容、教学方法和手段的改革，构建新的课程结构，加大选修课程开设比例，积极推进弹性学习制度建设。要切实改变课堂讲授所占学时过多的状况，为学生提供更多的自主学习的时间和空间。大力加强实践教学，切实提高大学生的实践能力。区别不同学科对实践教学的要求，合理制订实践教学方案，完善实践教学体系。《意见》强调要加强教材建设，大力锤炼精品教材，并把精品教材作为教材选用的主要目标。对发展迅速和应用性强的课程，要不断更新教材内容，积极开发新教材，并使高质量的新版教材成为教材选用的主体。

随着《意见》出台，教育部组织制订了普通高等教育“十一五”国家级教材规划，并于 2006 年 8 月 10 日正式下发了教材规划，确定了 9716 种“十一五”国家级教材规划选题，我社共有 103 种教材被纳入国家级教材规划。在此基础上，中国纺织服装教育学会与我社共同组织各院校制订出“十一五”部委级教材规划。为在“十一五”期间切实做好国家级及部委级本科教材的出版工作，我社主动进行了教材创新型模式的深入策划，力求使教材出版与教学改革和课程建设发展相适应，充分体现教材的适用性、科学性、系统性和新颖性，使教材内容具有以下三个特点：

（1）围绕一个核心——育人目标。根据教育规律和课程设置特点，从提高学生分析问题、解决问题的能力入手，教材附有课程设置指导，并于章首介绍本章知识点、重点、难点及专业技能，增加相关学科的最新研究理论、研究热点或历史背景，章后附形式多样的思考题等，提高教材的可读性，增加学生学习兴趣和自学能力，提升学生科技素养和人文素养。

（2）突出一个环节——实践环节。教材出版突出应用性学科的特点，注重理论与生产实践的结合，有针对性地设置教材内容，增加实践、实验内容。

（3）实现一个立体——多媒体教材资源包。充分利用现代教育技术手段，将授课知识点制作成教学课件，以直观的形式、丰富的表达充分展现教学内容。

教材出版是教育发展中的重要组成部分，为出版高质量的教材，出版社严格甄选作者，组织专家评审，并对出版全过程进行过程跟踪，及时了解教材编写进度、编写质量，力求做到作者权威，编辑专业，审读严格，精品出版。我们愿与院校一起，共同探讨、完善教材出版，不断推出精品教材，以适应我国高等教育的发展要求。

中国纺织出版社

教材出版中心

前言

市场上大量的化妆书刊，向人们传递着关于化妆的种种时尚概念与化妆方法，这无疑是非常有益的，尤其可以使人们能够快速接受关于化妆的知识。但是作为高等艺术院校化妆造型专业的教材，不仅要有关于化妆的常规信息，更重要的应该是教会学生如何在学习阶段打下扎实的基本功。

化妆的特点是以技能训练做它的研究基础和前提，没有基础，便没有造型设计研究。同理，没有技术能力，便不可能进行人物的设计与塑造。化妆造型的基础学科不仅需要掌握人的生理知识，还需要学习对化妆起着重要作用的美学知识、色彩知识、光学知识等。技术能力的掌握与熟练程度、经验积累有关，也有一个循序渐进的过程和程序，同时，与技术相结合的理论知识或许是更为重要的灵魂。

就基础教学而言，极需注重规范性和科学性。我们写作该书的主要目的，就是希望将基本知识与技能的核心部分进行整理，科学地展示这些知识技能的重点与难点。通过系统、有序的学习，让学生能在整个过程中知晓基本概念、了解专业理论、掌握操作技术，使学生借助本教材顺利步入化妆造型设计的王国。

学习的方法应该可以是多样的，而静下心来读书、思考、研究、领会尤为重要。教科书是“敲门砖”，这个“砖”我以为有两个作用，一是作为学生打开专业领域之门的“工具”，这个“工具”可以帮助他们探究其中复杂而有趣的知识，也使我们在解决前进道路上的困难时有了武器；二是作为“打地基”的材料，建造高楼大厦或任何一种样式的房子，都必须建立在牢固的地基之上。化妆同样如此，扎实的基础将为我们支撑艺术事业的辉煌。

化妆是一门需要不断创新的艺术，然而这个艺术需要化妆技术的支撑，相对艺术而言，技术知识有一定的稳定性。虽然这些化妆技术和基础知识算不上绝对和永恒，但却是进入化妆设计和创新领域的“门槛”，因此是值得我们深入学习和探究的。

徐家华

2009年8月

教学内容及课时安排

章/课时	课程性质/课时	节	课程内容
第一章 （8 课时）	基础理论 （16 课时）		·化妆的基础常识
		第一节	化妆的概念与分类
		第二节	化妆工具与材料
		第三节	化妆与绘画
第二章 （8 课时）			·化妆与脸部基本形态
		第一节	化妆与头部骨骼结构
		第二节	化妆与脸部肌肉结构
		第三节	化妆与脸部比例
第三章 （8 课时）	局部修饰理论与技术 （48 课时）		·化妆与底色的塑造
		第一节	底色与皮肤的塑造
		第二节	底色与脸型的塑造
		第三节	底色与结构的塑造
第四章 （40 课时）			·化妆与局部的塑造
		第一节	化妆与眼部的塑造
		第二节	化妆与眉毛的塑造
		第三节	化妆与鼻部的塑造
		第四节	化妆与唇部的塑造
		第五节	化妆与腮红的塑造
		第六节	化妆与局部的协调
第五章 （40 课时）	应用理论与技术 （120 课时）		·化妆与年龄特征的塑造
		第一节	年龄的外貌特征
		第二节	本色年龄妆的化妆技法
		第三节	增加年龄妆的化妆技法
		第四节	减弱年龄妆的化妆技法
第六章 （32 课时）			·化妆与种族特征的塑造
		第一节	种族的外貌特征
		第二节	其他种族妆的化妆技法
第七章 （48 课时）			·化妆与性格特征的塑造
		第一节	各类典型的性格特征
		第二节	性格妆的化妆技法

注 各院校可根据自身的教学特色和教学计划对课程时数进行调整。

目录

第一章
化妆的基础常识

课题名称：化妆的基础常识

课题内容：化妆的概念与分类

化妆工具与材料

化妆与绘画

课题时间：8课时

教学目的：掌握绘画与色彩的基本原理，并且将绘画元素与化妆元素自然地结合在一起。

教学方式：讲述理论知识并配合多媒体教学；教师用实验来证实理论的客观性。

课前（后）准备：课前了解绘画基础知识，课后准备化妆材料与工具。

第一章

化妆的基础常识

第一节　化妆的概念与分类

一、化妆的概念

什么是化妆呢？对“化妆”的解释有好几种。一种解释是：“用脂粉等打扮容貌”；另外一种解释是“为了适应演出的需要，用油彩、脂粉、毛发制品等把演员妆扮成特定的角色或给演员作容貌的修饰”；而更为具体的解释是“化妆是戏剧、电影等表演艺术的造型手段之一。根据角色的身份、年龄、性格、民族和职业特点等，利用化妆材料塑造角色外部（主要是面部）的形象”。

所以，从狭义上理解，化妆仅仅指面部的修饰。从广义上来看，化妆就是利用化妆材料与化妆技法来装扮整个人体，以适应某种特殊要求。随着社会经济的发展、信息时代的到来，生活艺术化、艺术生活化的理念影响着当代人们对美的追求及审美观念的不断更新，也使化妆的风格与样式呈现出越来越多的变化。

二、化妆的分类

化妆的大类可以分为两种，即生活化妆和表演化妆。

（一）生活化妆

1. 定义

人们在日常生活中对外形容貌的打扮和装饰即为生活化妆，其主要借用化妆品和化妆技法，遮盖或者改变本身形象的不足之处，使之更符合生活审美的需求。生活化妆作为一种生活的艺术，以美化为主要目的。

2. 分类

（1）自然环境中的化妆。自然环境中的化妆主要是指在日常一般的生活环境和工作环境中，在自然光线下，人与人近距离的交流中的化妆。这样的生活化妆，主要目的是为了美化，使生理上的缺憾通过化妆能够得到一定程度的遮盖、改善与弥补。

生活化妆在现代社会既是人对美的一种追求，也是对自身形象的重视，更是文明社会对自己和别人的尊重与礼貌。在大多数情况下，这样的生活化妆不宜有过于明显的化妆痕迹，在保持人的自然状态和本色形象的同时，将流行元素与化妆技法结合起来，使形象具有社会审美的时代感。

（2）特定环境中的化妆。所谓特定环境，包括的范围很广。比如，婚礼、舞会、宴会、庆典等，这些特定的环境因为有特定的主题，所以就需要根据主题所确定的环境来制定化妆的形式。比如婚礼上的新人化妆，虽然属于生活化妆，但是，新人实际上是在生活的大背景下扮演着特定的角色。婚礼的形式与仪式是一个“演出”的“舞台”，会有相适应的灯光、背景、空间、气氛等。同时，还会有摄影、摄像等要求，就形成了与一般生活化妆不一样的环境与要求。所以，由于具有特定的主题，婚礼化妆实际上也就是塑造“角色”，只不过，这样的“角色塑造”不需要改变原本的形象，而只是美化形象。比如，新娘在化妆色彩上的适度夸张以及发型的梳理与装饰等。虽然美化的形式和程度超过了生活化妆的限度，但也是合理的。

同样，舞会化妆、宴会化妆等，虽然也是属于生活中的内容，但是在这样的主题中，人际关系已经打破了生活的一般审美规则。人实际上是在生活的舞台上扮演着某种角色，而每个人都希望在这样的“演出”中扮演“主角”。因此，化妆就可以突破生活的常规，甚至用夸张的舞台化妆来完成这样的特定环境下的化妆。现代人的生活方式随着经济和文化的发展已经变得越来越丰富，在许多活动中，人们已经不满足于仅仅适度地美化，而经常需要通过化妆造型来使自己在活动中成为众人关注的焦点。于是，运用非常规的材料和化妆手段来为自己塑造新的形象已经是很普遍的现象，尤其是在一些狂欢活动中，化妆的形式完全是艺术化的。但是，在生活化妆的这些特殊造型中，除了化妆舞会等一些活动外，大多数情况下，化妆者还是希望保留自己的本来面目。

3. 特征

（1）和谐感。用生活化妆品对面部进行美化和适当的调整和装饰，使修饰过的面部具有匀称、和谐、统一的美。生活化妆的目的是为了适应生活中的不同环境。由于在生活中人与人是近距离的接触，这就使生活化妆无论从表现形式、色彩到质地，都应该是强调和谐、真实，缔造“自然之美”，不过分强调轮廓，用色明亮、清淡，线条柔和。此外，面部美要与人的发型、服饰以及气质、精神状态完美统一。

（2）生活化。生活化妆以追求适合各种生活环境的真实性和生活化的修饰美为准则。化妆源于生活、寓于生活，并且用于生活。遵循生活的逻辑，以现实生活为化妆内容的主要主题，化妆修饰讲究针对性、实效性。从生活需要生成化妆主题，符合生活的规律。并且按对象的职业、年龄、性格等特点以及不同的时间、场合来化妆。讲究化妆手法和技巧的自然与真实效果。

（3）审美性。生活化妆以美化容貌优点和弥补面部缺陷的化妆技法为手段，以符合当时所流行的大众审美标准，但生活化妆的形式与特点并不是一成不变的，生活中的许多因素都会影响到化妆的特点和样式，其中最主要的是受流行思潮以及审美标准的影响。随着文化的多元化发展，流行时尚也日趋多样，因此化妆的样式也同步呈现丰富性。通过生活化妆技术与材料，对人的外貌进行修饰美化，从形式上得到美感，同时向人们传达并展现人的内在精神，这也是人们常说的“相随心生”。人们通过外在美的形式，提高人的气质、品位、自信心等，从而在精神上得到审美的愉悦。

（二）表演化妆

1. 定义

表演化妆是根据角色特点用较为夸张的化妆技法，改变演员的外貌，使其更符合表演中的人物要求，创造角色之美。演员在艺术表演中的外部形象塑造，目的未必一定是为了让演员更加俊美，而是根据剧情的需要，使之更符合所扮演的角色，符合表演艺术的审美需求。

2. 分类

表演化妆并不是单一的，随着演出内容、演出形式与演出风格的多样性发展会形成不同的化妆造型样式，如影视化妆、戏剧化妆、戏曲化妆、展示化妆等。化妆从定位到技术表现都各有特色，随着艺术形式的日趋多样化，艺术表演的范畴也有了很大的变化。各种艺术形式的表演都用化妆造型来强调和渲染主题，使得化妆在艺术领域的运用日益广泛。比如，各种各样的“秀”场表演，或商家为了宣传产品和自身品牌，选择某个主题利用艺术表演的形式来进行宣传，达到更好的宣传目的和影响力。这往往会调动一切艺术手段来塑造人物形象甚至整个演出环境。这种形形色色的艺术表演所运用的化妆方法都应该归属于表演化妆的范畴之内。

为了基础学习的需要在这里把表演化妆分为本色化妆和角色塑造来介绍。

（1）本色化妆。生活化妆的宗旨是强调自然本色之下的美化，而表演化妆也不完全都是为了改变表演者的本来面目。在很多演出中，演员需要保持自己的本色形象，但是又需要遮盖自己的缺陷和美化自己的本来形象，因此这样的化妆只是为了让表演者更加完美。比如歌唱演员、评弹演员、相声演员、主持人等。这种本色化妆的表现尺度要视演出环境、空间大小、灯光强弱、表演形式等各种具体情况来定。

（2）角色塑造。这类化妆通常是根据表演的内容、表演的风格、演员的外形条件等，对演员的外形进行塑造以符合角色的形象和满足演出的需求。无论是化妆目的和化妆技法，艺术表演化妆与日常生活化妆都有着本质上的区别。表演者有时可能与角色之间的差异较小，而有时则是有很大的差距，表演者和角色之间的外形差距需要用化妆的手段来缩短和改变，差距越大，化妆的难度越高。

3. 特征

（1）艺术性。表演艺术中的虚构与夸张都是为艺术服务的，表演化妆是一种造型艺术，是通过运用多种多样的表现手法，对生活中的造型元素，进行鲜明、准确、生动的组织提炼并加以艺术化凝聚与升华。塑造的人物形象鲜明、具体，有一定的典型性和感染力，表现一定的审美意境。好的表演化妆必定带有很强的艺术感，它不能照搬生活，更不能脱离生活。

（2）技术性。表演化妆是一门综合性造型艺术，是艺术与技术的结合体。因表演的空间、灯光、内容、形式、呈现方式等的不同要求，化妆的表现会有很大差异，也有不同的技术要求。比如电影化妆、电视化妆、广场演出、小剧场表演等。在化妆造型的风格上有很多不同点，其技术要求也是不一样的。缔造“人物之美”要符合演出和观看的需要，比生活化妆更注重“塑造”，常常要“改变”表演者自身的容貌特征。

（3）演艺性。表演化妆是以演出需要，塑造特定人物形象为主要目的的，通过弥补、改变表演者外貌和气质特征，更准确地突出表演的主题和内容。同时化妆在表演者身上所产生的形式美，作为刺激物的信息，直接作用于观众的视觉感官，引起审美反应，烘托渲染气氛，这种审美活动又会成为一种反馈，刺激表演者，使表演者的自信度和表现欲大大增加，从而帮助演员塑造人物、体现表演的形象美、加强视觉造型的表现力。

第二节 化妆工具与材料

“工欲善其事，必先利其器”，化妆工具与材料是化妆的重要物质条件之一，要为自己或他人创造神采飞扬、妩媚动人的妆面，就必须选择合适的化妆工具与材料。化妆品和工具的选择是否得当，直接影响化妆的理想效果。对于创作一个成功的妆面起着至关重要的作用。因此，要了解化妆品和工具的种类?性质和作用，具备选择和鉴别化妆品和工具的能力，并能熟练地使用，才能在化妆工作中，运用自如，手到妆成。现在市场上化妆品和工具更是不断出新，学习的同时需常关注市场动态。

一、 化妆工具

（一）化妆刷

1. 化妆刷的分类

（1）按毛质分。化妆刷具的毛质种类繁多，我们通常可以把这些刷毛概括为两大类：天然刷毛（动物毛）和人工刷毛（合成纤维）。不管哪一种化妆刷，清洁时都要用温和的清洁剂，最好是化妆刷专用清洁剂，动作轻柔地从毛根至毛梢方向冲洗，然后在阴凉处晾干。天然刷毛和人工刷毛并没有绝对的好坏之分，主要视化妆刷的用途而定。天然刷毛与人工刷毛的区别有以下几点：

1好的天然刷毛柔软平滑，结构紧实饱满，刷毛不易脱落。

2一把好的刷子，尾端毛峰的部分应该呈现天然的弧形，而不是经过人工的修剪。因此在选择刷子时，如果发现毛峰有修剪过的痕迹，就表示品质比较差。

3将刷子轻按在手背，画一个半圆形，可看出毛的剪裁是否整齐。

4用手指夹住刷毛，轻轻地往下梳，可看出刷子是否容易掉毛。

5用热风吹刷毛，保持原状的就是动物毛，毛变卷曲的就是人造纤维。

（2）按用途分

1粉底刷。刷头较大而且扁平，能大面积刷涂粉底液和遮瑕膏，令底妆效果均匀自然。如果需要修饰细小部位，可以用刷子的毛峰处理。合成纤维制成粉底刷，服帖易上妆。尤其适合质地厚实的膏状彩妆。

2蜜粉刷。用来扫去脸上多余浮粉，是化妆刷中最大的一种毛刷，其质地柔软，不刺激皮肤。通常有小羊毛 、松鼠毛，高档的还有貂毛（刷毛中的极品）等。从形状上分有：圆锥形蜜粉刷，比较容易处理脸部的细节部位；圆形蜜粉刷，蘸粉量多，上妆容易，刷毛感觉蓬松，非常适合全脸使用；扇形蜜粉刷，有着最好的精确度，横着用可以打大面积的蜜粉，倾斜着用可以打高光，竖着用还可以处理好鼻翼等细节部位。

3侧影刷。又叫轮廓刷，用于脸部外轮廓的修饰。可以选择刷毛较长且触感柔软，顶端呈椭圆形的粉刷。

4腮红刷。亦称胭脂刷，主要用于扫腮红及轮廓色，使用时刷头的刷腹要着面。刷头形状呈斜形的斜角腮红刷比较好用。材质以采用天然材质最佳，毛料光滑细腻，触感柔软，弹性较佳。常见的腮红刷主要有马毛腮红刷和羊毛腮红刷两种，另外还有灰鼠尾毛腮红刷及松鼠尾毛腮红刷等。

5眉刷。斜角形的眉刷可画出精细眉形，分硬毛眉刷与软毛眉刷两种。软毛眉刷用于蘸取粉状的眉毛化妆品；硬毛眉刷则用于蘸取蜡状的修饰眉毛化妆品，眉色清晰自然。

6螺旋形刷。螺旋形眉刷有两种作用，一是可以刷掉眉毛上多余的眉粉；另一个作用是可以刷开睫毛上的结块物。

7双头刷。由一排牙刷形的眉刷和睫毛梳两部分组成，眉刷一般由高级合成纤维制成。刷毛软硬适中，容易将眉毛打理成形，避免眉毛散乱，适合自然眉形。而睫毛梳则在上睫毛膏后，用来梳理杂乱的睫毛，令睫毛自然生动。

8眼影刷。直接决定眼影的上妆效果，而不同大小、质地的眼影刷各有不同的作用和功效，所以眼影刷是化妆刷里大小种类最多的。眼影刷形状一般为扁圆形，按刷头大小一般可划分为大、中、小三个型号。大号眼影刷主要用于较大面积扫眼影粉，中号眼影刷则可以较细致地修饰眼部，小号眼影刷则用于修饰眼部轮廓，勾勒明显的线条，帮助完成更精细的妆容，或在眼睛某个细节部位加强描画，如睫毛根部和下眼睑的强调色等。

9眼线刷。刷头细薄扁平，可以画出精确的眼线。按形状可分为用于膏状或液状眼线产品的细圆形眼线刷；用于蘸取眼线粉与膏液状眼线产品的圆形眼线刷。

10唇刷。尺寸小巧，用于精确勾勒唇型，使双唇色彩饱满、均匀。适用于整个嘴唇与唇峰的线条勾勒。细圆形唇刷，比较适用于内唇角的线条勾勒。

11油彩刷。是进行油彩化妆时使用的毛笔，与美容化妆中使用的化妆笔略有区别。油彩化妆使用的化妆笔毛质柔软，笔尖的毛比较薄，蘸油彩后容易晕染。型号有大、中、小号之分，大号的可以用来调配肤色或是进行大面积的晕染，中号的可以用来描画眼影或是嘴唇，小号的可以用来描画唇线和眉毛。另外有一种极细的毛笔可用于描画眼线。使用后可以用卸妆油，将笔上的油彩擦拭干净。在使用的过程中，最好一色一笔，不要一支笔用于多种颜色，否则描画的颜色纯度就会受到影响，使妆面显得不干净。

7 8 9 10 11

（二）化妆海绵

质地细密、富有弹性的海绵，会使粉底与皮肤充分融合。形状各种各样，以三角形、圆形、椭圆形、方形居多，一般认为三角形海绵涂底色效果较好，其平坦的一面可用于基础底色的涂抹，尖的部位可用于粉底提亮或在脸部细小部位进行涂抹。海绵的质地有粗有细，用海绵上粉底是比较传统的做法，妆效细腻服帖，持久度较好，但是海绵很容易将粉底中的水分吸走，同时吸收太多粉底，比较浪费。用质地细的海绵上液体粉底较好，质地较粗的海绵适合粉状和膏状的粉底。海绵的使用期有限，容易老化，一旦出现松弛或者孔洞不均匀，就需要更换。在清洁海绵时要用温和的清洁剂，清洁时动作要轻柔，清洁后在阴凉处晾干。

（三）粉扑

用于定妆，应选择纯棉质地的粉扑，化纤质地的粉扑容易起球，而且扑粉不均匀。使用时蘸取适量散粉，在粉扑上揉搓均匀后，轻轻按压在面部。

（四）镊子

镊子的作用很多，除了可以拔除杂乱的眉毛外，还可以用来捏住很多细小的化妆材料。常用的镊子有圆头镊和平头镊两种。选购时，要注意镊嘴两端的平整与吻合。

（五）弯头剪

弯头剪是用于修剪眉毛及假睫毛的用具。应选择全钢、头尖、吻合好的优质产品。

（六）修眉刀

修眉刀用于修眉形及脸部多余的毛发。比较常见的有单面刀片、带保护层的长柄修眉刀、电动修眉刀。眼睛周围的皮肤较脸部其他部位的皮肤薄且敏感，所以在使用修眉刀时要特别注意，不要刮伤皮肤。

（七）睫毛夹

睫毛夹是弯曲睫毛的用具。注意要选择夹头弹性良好、吻合完好的睫毛夹。另外睫毛夹的弯曲度也很重要，眼睛较平的人应选择弯曲度比较小的睫毛夹，眼睛较立体的人则要选择弯曲度比较大的睫毛夹，这样夹出来的睫毛才比较自然。

（八）假睫毛

假睫毛可增加睫毛浓度和长度，一般有完整型(有整体型、眼尾用两种)和零散型两种。需用专业胶水紧靠睫毛根部粘贴使用。

（九）美目贴

又称双眼皮胶带，是透明或半透明的黏性胶纸，是塑造理想双眼睑、矫正眼型的化妆工具。其材料也有多种，如塑料、纸质、胶布、绢纱等。

（十）辅助工具

（1）棉棒。棉棒是化妆时擦拭细小部位最理想的用品。如在描画眼影、睫毛等部位时，常常会因不小心或技巧不熟练而弄脏妆面，用棉棒擦拭，会取得良好的效果。

（2）纸巾。可用于净手、擦笔、吸汗及去除面部多余的油脂或卸妆等。纸巾应选择质地柔软、吸附性强的面巾纸。在清洁与消毒时可使用湿纸巾。

（3）美工刀、卷笔刀。削卷化妆笔的工具。

（4）黏合剂。类似胶水，强调对皮肤和五官无刺激，高安全性。用来粘贴毛发和附加物。需保持包装的封闭性，使用时应先清除瓶口变干的黏合剂。

（5）调刀。在进行塑型化妆时经常用到，刀的一端为尖锐的三角形，另一端为菱形。也可以作为粘贴工具。

（十一）化妆包、化妆箱

放置化妆品的专门容器，以保护化妆品的整洁、干净、完好。由于化妆品多而复杂，所以整理和存放最好分门别类、规整干净，这样可以在化妆时能迅速准确地找到自己想要的化妆品，提高工作效率。

二、化妆材料

化妆材料是化妆造型的物质基础，不仅可以诠释妆容的风格和特性，而且直接左右着色彩、造型的表现效果。学习化妆的过程也是熟悉材料的过程，有时候化妆材料的运用是灵活多变的。目前，在化妆造型中，材料是越来越五花八门、日新月异。化妆材料的研发日趋细致，化妆时可选择最适合自己使用的品牌。

（一）护肤用品

在化妆过程中，需要准备一些必要的洁肤、护肤用品来保护皮肤的健康。

（1）卸妆品。有卸妆液、卸妆乳、卸妆油等，一般根据皮肤的性质选择不同的卸妆品。卸妆在护肤过程中尤为重要，其直接决定了化妆品对皮肤的伤害程度。卸妆首先要清洁眼部和唇部的化妆品，再清洁脸部其他部位。

（2）洁面品。有洁面乳、洁面皂、洁面膏、洁面泡沫等，对于浓妆来说卸妆过程和洁面过程一定要分开。清洁皮肤最好使用弱酸性的洁面产品。

（3）化妆水。分柔软型、收敛型、润肤型、营养型等化妆水，其主要作用有补充水分、滋润皮肤、收敛毛孔、柔软表皮、抑制脱妆等。

（4）眼霜。其主要作用为眼部补充水分，延缓衰老，保护眼部皮肤，抑制眼部脱妆。类似产品还有胶状、啫喱状、膏状等。

（5）润肤品。分为水包油类和油包水类，一般干性皮肤选择油包水的润肤霜类，油性皮肤选择水包油的护肤液、润肤露类或绵羊油。还有分时间用的日霜和晚霜，日霜以防晒和隔离为主，晚霜以修护和滋养为主。

（6）防晒品。有防晒液、防晒乳、防晒霜、防晒油等。一般质地越厚防晒效果越好，但是也越容易堵塞毛孔。根据防晒指数SPF的数值来决定防晒的时间长短，其数值越大防晒效果越好。

（7）隔离霜。或叫基础霜，一般在上粉底前使用，具有活化肌肤、淡化细纹、润滑皮肤等作用。

（二）彩妆用品

1. 粉底

粉底是最常用的修饰底色的化妆品，可以遮盖面部瑕疵、调整皮肤色调、抵御紫外线、增强面部立体感。粉底的主要成分是水、油脂以及色粉等。油脂和水可以使皮肤滋润、柔软，并富有弹性。色粉决定粉底的颜色，可用不同深浅的粉底调整面部轮廓和立体感，使脸显得更精致，也可用彩色粉底调整肤色。不同效果的粉底配合不同的妆型，可塑造出各种风格的妆效美。

由于成分用量、添加色、制作方法的不同，粉底可以分成几种类型：

（1）修颜液。修颜液是利用色彩中补色的原理来减弱面部的晦暗、蜡黄色以及脸颊上不自然的红色，起到调整肤色的作用。最常用的有绿色和紫色两种颜色；绿色的修颜液修饰发红的皮肤，紫色的修颜液修饰发黄的皮肤。

（2）固体粉底。俗称粉饼，能消除皮肤的油脂和光泽，具有较强的遮盖力，之后不用再涂抹散粉。由于这种粉底会吸收皮肤的水分，所以

干性皮肤的人不易使用，比较适合油性皮肤的人使用。

（3）液体粉底。这种粉底油脂含量少，容易涂抹，并能发挥自然的效果，适合于中性与干性皮肤的人使用。大体分为三种：透明型粉底液，化妆后显得湿润、自然，适于干性皮肤及皮肤较好的人使用，它的缺点是缺少遮盖力，但能充分显示皮肤的质感；遮盖型粉底液，化妆后显得均匀、粉嫩，适于皮肤较差的人使用，能较好地遮盖皮肤瑕疵；闪光液体粉底，能产生乳白色的肤色效果，使皮肤产生晶莹剔透的质感。

（4）膏状粉底。其油脂含量较多，具有较强的遮盖力，可赋予皮肤光泽和弹性。妆面持久性强，适用于面部瑕疵较多的皮肤。但是皮肤缺乏自然的效果，多用于浓妆，特别是表演化妆。

（5）遮瑕膏（笔）。遮瑕膏是一种特殊的粉底，成分与膏状粉底相似，其质地较膏状粉底更干些，主要用于一般粉底掩饰不住的黑痣、色斑等较重的瑕疵。一般应依据人们不同的肤质、肤色及不同的季节、不同的妆型进行选择。现在每年每个品牌几乎都有新产品登场，在学习过程中应该不断熟悉市场，了解流行动态。这里介绍的只是粉底的基本种类。

2. 散粉（又称蜜粉）

（1）粉末状散粉。颗粒细致的粉末，具有吸收水分、油分的作用。将散粉扑在涂完底色的面部，可使皮肤与粉底结合更为紧密，且能抑制粉底过度的油光，防止脱妆，使肤色更为光洁细腻。常用的散粉有：

1 肤色的散粉。透明散粉、自然色散粉、杏色散粉等。

2 调整肤色的散粉。浅绿色散粉、浅紫色散粉、粉色散粉等。

3 表现特殊效果的散粉。珠光白色散粉、古铜色散粉等。

（2）固体蜜粉。呈粉块状，散粉压制而成，有干用和干湿两用型。颜色分亚光与珠光色两种。固体蜜粉补妆方便且效果好，特别适合油性的皮肤。

3. 眼影

眼影是加强眼部立体效果、修饰眼形以及衬托眼部神采的化妆品。

（1）粉状眼影。呈粉块状，其粉末细致、色彩丰富。颜色分珠光色和亚光色，一般亚光色粉末更细致，不容易掉渣。而珠光色时尚感强，表现眼部的质感效果非常好。

（2）膏状眼影。膏状眼影是用油脂、蜡和颜料配制而成的。膏状眼影的色彩不如粉状眼影丰富、鲜艳，但涂后给人以光泽、滋润的感觉。但是膏状眼影会在双眼皮褶皱处堆积，所以上眼睑易出油者不适合使用。

（3）闪光眼影粉。眼影中含颗粒状闪光亮片。亮片有细腻型也有颗粒大的形状，色彩丰富。可根据不同的妆容风格选择不同程度的亮片。

（4）眼影笔。外形类似铅笔，笔芯柔软可以直接涂于眼部，特别适合刻化细节。既可以用做眼影，又可以用做眼线使用。

4. 化妆笔

包括眉笔、眼线笔、唇线笔等较细的笔类化妆品，颜色丰富。一般习惯上把质地较硬的用来画眉毛，质地较软的用来画眼线、唇线。颜色有黑色、褐色、棕色、白色、蓝色、绿色、紫色、金色、银色、红色等。

5. 眉粉与眉胶

眉粉是描画眉毛的修饰粉，色彩以棕色系为主，分暖色和冷色两大色系，根据肤色、发色、妆色选择相匹配的色调。眉胶也叫眉膏或染眉剂，质地类似防水睫毛膏，有黑色、褐色、棕色、彩色系列，黑色、褐色、棕色多用于普通的化妆，显得眉毛自然立体；彩色一般用于夸张的化妆造型，丰富多彩、富有张力。

6. 眼线液、眼线粉、眼线膏

眼线液、眼线粉、眼线膏都是修饰眼线的产品。眼线液为半流动状液体，描画的眼线色彩效果强烈，但线条生硬，缺少虚实感，更适合大型舞台剧、歌舞剧等表演的化妆。眼线粉最大的特点是晕染层次感强，上色效果好，适合眼部易出油者。眼线膏内含油脂，色泽光亮，有各种颜色，上色效果佳，不易脱妆。

7. 睫毛膏

睫毛膏用于修饰睫毛，有加长、加密、卷翘睫毛的作用，有各种颜色。

8. 唇膏、唇彩、唇蜜

唇膏能修饰唇型，强调唇部色彩及立体感，具有改善唇色，调整、滋润及营养唇部的作用。唇膏分油质唇膏和粉质唇膏两种：油质唇膏滋润，色彩有光泽，遮盖力弱；粉质唇膏的覆盖力强，在改变唇型时适合使用。唇彩、唇蜜质地细腻，光泽柔和，颜色自然，使用后唇部显得润泽，但是遮盖力差，而且持久性差，所以建议和唇膏搭配一起使用。

9. 腮红

修饰脸颊的化妆品，生活化妆中以红色系为主。

（1）粉块状腮红。这种腮红是将粉末制成块状，含油量少，适合于油性皮肤。

（2）粉末状腮红。粉末状腮红与蜜粉质地相同，但色泽不同。

（3）膏状腮红。含有一定量的油分，比较柔软，在定妆前使用。效果更加自然、剔透、有光泽，适合干性皮肤使用。

（4）液态腮红。水分更充足的腮红，容易晕开，自然柔和，是新型的彩妆用品。

10. 油彩

油彩中含有大量的油脂成分，色泽鲜艳，色彩丰富，容易晕染，是影视与戏剧化妆重要的化妆品之一，油彩在遇高温时会变稀或变软，随着外界温度的升高，油彩会熔化并影响到整个妆面的效果。油彩颜色丰富，可以根据妆型以及剧情的需要调配出很多种颜色。调配后的油彩应放在油彩盒中，以备使用。若长期不使用，应将油彩放置在阴凉、干净的环境中，不要放置在阳光或是高温环境中，以防油彩变质而影响到化妆的质量。

11. 油彩稀释剂

油彩稀释剂包括植物油、动物油、矿物油等，一般常用凡士林油稀释油彩，以便上妆均匀。

12. 塑型材料

对皮肤无刺激伤害的可塑性材料，在化妆对象脸部或身体各部位进行立体效果造型的化妆。如肤蜡、共聚物等。

三、化妆附加物

化妆的材料直接影响到妆容的形态效果，除了常用的彩妆类材料以外，一些具有不同特性和效果的装饰材料，也越来越多地出现在化妆造型中，这些装饰附加物在化妆造型中，可加强妆容的质感和肌理感，突出形式感，起到装饰性的时尚效果，或者体现设计者的妆面内涵。要注意这些材料是在化妆中运用的，要充分考虑可操作性和安全性。

其中常用的有水钻、亮片、羽毛、蕾丝、纸质类、植物类等。

（1）水钻、亮片类。点点珠片闪烁，点缀于妆容中可增加华美精致的感觉。

（2）羽毛类。多姿多彩、种类繁多，柔软飘逸的羽毛，轻盈动感十足，可染色加工也可直接使用。

（3）蕾丝类。有精雕细琢的奢华感和体现浪漫气息的特质。

（4）纸质类。色彩丰富、可塑性强。纸质材料在厚薄、软硬、肌理方面多种多样，造型能力强，运用自由度大。

（5）植物类。有着活泼气息的自然美感，可增添一份灵动的特质。

第三节　化妆与绘画

化妆的目的是塑造人物形象，具有鲜明的实用性和审美性。从构思到体现，从意象到具象，完成的是一个基本造型创作过程。化妆造型作为造型艺术的一种，其表达的语言也很丰富，主要是在人的面部进行形与色的刻画。所以，绘画知识对学好化妆来讲是必不可少的。扎实的绘画基本功的训练和基础理论的学习，能够培养敏锐和正确的观察能力；能进一步掌握美的基本原则、基本规律和表现技能；能在化妆造型过程中灵活运用绘画造型技巧，准确表现形态、比例、明暗、色彩、质地、节奏等综合视觉效果。

绘画基础知识对化妆造型来说是必不可少的理论和技术基础；同时绘画的很多技法本身也是化妆造型的一种造型手段和方法。

一、素描与化妆

（一）素描的定义

广义上的素描，泛指一切单色的绘画；狭义上的素描，专指用于学习美术技巧、探索造型规律、培养专业习惯的绘画训练过程。素描被称为“造型艺术的基础”，是一切绘画的基础，也是学习化妆所必须经过的一个阶段。

（二）素描的基本原理和造型手法

素描研究的对象是物体的基本形态和一般变化规律。基本形态有物体的形状、比例等结构形式；变化规律有透视、视差对比等视觉因素。掌握这些形式和规律是化妆造型的前提条件。

素描的造型手法多种多样、风格迥异，基本的表现手法有三类。

1. 线条表现

追求对形体的理解和概括表现，以研究对象结构构造为目的，以线条作为主要表现手段，强调物体的轮廓和内部结构，严谨探求结构连接和透视变化的表现手法。线条是一种明确的富有表现力和形式美感的造型手段，能直接、概括地勾画出对象的形体特征和形体结构。对不同的对象，要求用不同的线条表现。线条还有表现节奏的作用，轻重起伏、刚柔相间、长短穿插、曲直弯转、抑扬顿挫的线条可表现美的造型。

2. 明暗表现

明暗表现法也称色调法，强调光影，主要用明暗对比、色调变化的手段表现对象，画面具有较强的立体感、空间感和深度感。明暗是表现物象立体感和空间感的有力阶段，对其真实表现对象具有重要的作用。明暗素描适于立体地表现光线照射下物象的形体结构、物体各种不同的质感和色度、物象的空间距离感等，使画面形象更加具体，有较强的视觉效果。

自然界的一切物体都有它一定的体积，任何一个物体都是由许多大小不同的面组成的。物体在光的照射下，呈现出极其复杂多元的明暗光影效果：受光部分明亮，背光部分灰暗；受光部分各个面也因正面和侧面受光不同，明度也有强弱之分；在背光部分，由于物体各个面受环境反光的影响不同，也有明暗的变化。但由于我们肉眼视力的局限，离我们眼睛愈远的物体就愈小愈模糊，其明暗对比、色调对比就越弱。为了便于学习和掌握，通常可将素描的明暗关系概括为三大面、五大调子和七个色阶。万变不离其宗，抓住了明暗变化的本质，问题就迎刃而解。

（1）三大面。指的是亮面、灰面、暗面。

（2）五大调子。分别为受光面、背光面、明暗交界线、中间灰面、反光面。

（3）七个色阶。分别为高光、明部、次明部、明暗交界线、暗部、反光、投影。

3. 线面结合表现

线面结合法是素描中常用的一种造型表现方法，结合了线和面各自的造型表现特点和优势，既注重对象严谨的结构构造关系，又强调丰富的明暗光影变化，具有很强的灵活性和表现性，它可以侧重线，也可以侧重面。这种画法既有线的优美，也有丰富的明暗变化。

（三）素描在化妆中的运用

化妆的基础是造型，是一项需要长期训练才能形成的特殊技能。化妆不只是塑造孤立静止的妆面，更重要的是表现局部与整体的有机关系和体现艺术与技术相融的综合创作能力。掌握化妆的精髓，需要人的自然思维方式和操作方式；需要有正确的观察方法、多维的空间想象力和综合的造型能力；需要研究不同类型化妆的形式特点和造型规律。素描是解决这些问题的基础，这在其他艺术造型的实践中也得到了证明。

1. 线条造型

线条造型是化妆的基本表现手法，是改变原形，构成新造型的骨架。线条在化妆中不单是纯粹、平面的刻画，更是多方面、多层次表现形的存在的重要元素。

（1）建立新的结构线。当化妆对象自身的外形与所需外形存在一定距离时，可以运用线条的造型能力做适当的调整，用化妆的手段做一些合理的弥补。这里强调“适当的调整”，也就是说化妆不能远离人的自然因素，无限制地进行改变。比如，在将年轻人化妆成七八十岁的老人时，其脸部的化妆处理必须将衰老特征表现出来，就需要先用结构线条以绘画的形式做勾勒，确定新的结构线，组成新的形。而这一切都应该在化妆对象原有结构和比例的基础上进行。

（2）构成新的形式感。利用线条的形式感，从视觉上改变或装饰原有的形态。如同绘画中线条具有的独特魅力一样，在人的皮肤上也可以运用丰富的线条进行造型，自始至终贯穿在化妆的整个过程中，赋予化妆线条以实用性和艺术性。比如，在改变人的胖瘦结构时，在结构线的刻画与组合时运用了拉宽缩短、变窄加长的原理，使人在视觉感受上达到“变胖”或“变瘦”的效果。又如在刻画皱纹时对线条的处理是粗细配合、虚中有实、长短交错，既符合了人的生理特征，又生动地将皱纹立体、真实地勾勒了出来。

2. 明暗造型

人面部的明暗取决于面部本身的立体结构，同时也因不同光源的照射而产生变化，在化妆中用素描中的明暗表现脸部结构的凹凸、脸部转折和起伏，通常不会刻意在人的脸上把三大面、五大调都描画出来，但是这种素描的立体表现手法在化妆中是非常重要的技法。我们可以运用素描常识去分析明暗色调的变化与化妆的关系，建立起在空间深度上塑造形体的观念。

要在有限的面部，表现复杂的局部形态，就必须熟练运用造型表现的技法，方能随心所欲地达成。于是便可运用素描原理，将化妆造型的理念经过观察、体验、想象、选择、重组等的努力，在面部做下记录。明暗层次的处理在化妆中是相当重要的一步。尤其是在结构复杂又立体的脸上化妆，加上光线的因素，化妆对面部明暗层次的处理绝不等同于在平面上作画。以面部的结构特征为依据是处理脸部明暗层次的关键所在。

（1）调节明暗关系。是指运用素描知识调整层次关系。突出的部位亮，凹陷的部位暗；近的、前面的，应表现得强烈而明确；后面的、较远的，应表现得柔和而模糊。在化妆中就是用阴影色、过渡色、亮色加强或改变脸部结构和脸型轮廓，使其更具立体感。阴影色会使脸部某些部位减弱、收缩；亮色会使脸部某些部位加强、突出。所以，一般阴影色用在需要凹陷的部位，亮色用在需要突出的部位，过渡色则起到衔接明和暗的作用。化妆要突出的主体应表现得明确显著，从属的部位则应以衬托主体为目的。

（2）重组明暗关系。指运用素描知识重新组成层次关系。在化妆法中就是用阴影色、过渡色、亮色根据脸部结构，利用原来可以利用的部位来重新组成明暗层次，在立体的脸上重塑立体效果。比如，当我们把一个扁平的脸塑造成富有立体感的脸型时，根据面部凹凸结构增加明暗的对比、层次的过渡。或者将脸部骨骼中的凸起部位用浅色提亮，将脸部骨骼中凹陷的部位用深色收缩。我们在塑造胖妆时运用圆弧的线条和明暗层次的过渡来表现一种“球体形状”，充分体现脸部胖的体积感。虽然看似很夸张，却也是真实可信的，因为这种夸张有理可寻，离不开脸部结构的合理性。反之，如果不考虑结构，就会显得很假。 所以，脸的结构特征是重组脸部明暗层次的重要因素。

二、色彩与化妆

色彩是造型艺术的重要要素之一，它有着先声夺人的吸引力，刺激和感染着人的视觉和情感，陶冶着人的情操，给人们提供丰富的视觉空间。色彩对化妆的成功与否起着重要的作用，它不是脱离形体、时间、空间、人物、肌理等而单独存在的，而是在特定时间、空间、物质、精神中的特殊构成。

（一）色彩的属性

1. 色彩的三要素

色彩，可分为无彩色和有彩色两大类。前者如黑、白和各种不同层次的灰色，后者如红、黄、蓝等。我们能见到的色彩多种多样，有各种鲜艳、柔和、明亮程度不同的颜色，绝大多数色彩具有色相、明度和纯度三个方面的属性，一般称为色彩三要素或色彩三属性。色彩的三要素在化妆与造型时起着至关重要的作用，只有将三者的关系安排恰当，才能体现完美的视觉效果。

（1）色相。即色彩的相貌，是一种色彩区别于另一种色彩的表象特征和主要依据，如可见光谱中的红、橙、黄、绿、青、蓝、紫等。一般来说，人们所赋予每一个色彩的名称，是色彩的外向性格的体现。色相在化妆中占重要的地位，具有明显的主导作用，色彩的丰富性、色彩的冷暖感觉、色彩的心理及其感情主要靠色相的对比来完成。

一般来说，从色相的冷暖看，暖色有膨胀和前进的视觉效果，冷色有收缩与后退的视觉效果。

（2）明度。即色彩的明暗程度，也称深浅度，是表现色彩层次感的基础。物体受光量越大，反射光越多，物体色彩就浅，反之则深。明度高是指色彩较明亮，而相对的明度低，就是色彩较灰暗。

在无彩色系中，明度最高的色为白色，明度最低的色为黑色。黑白之间存在一系列灰色，靠白的部分为明灰色，靠黑的部分为暗灰色。

在有彩色系中，任何一个色彩都有着自己的明度特征。例如，黄色为明度最高的色，蓝紫色明度最低，红、绿色的明度中等。

任何一个颜色，掺入白色，明度提高；掺入黑色，明度降低。一般明度高的颜色有突出、放大、轻盈的视觉效果，明度低的颜色有后退、缩小、厚重的视觉效果。

（3）纯度。纯度取决于色彩波长的单位程度。纯度也称彩度，是指色彩的纯净程度，也可以说是指色感明确的鲜灰程度，也有彩度、艳度、饱和度等说法。纯度在化妆色彩中的运用与变化对人们的心理影响极其微妙，不同年龄、不同性别、不同职业、不同文化教育背景的人对化妆色彩纯度的偏爱有较大的差异。一般来讲，纯度高的颜色有跳跃、凸显的视觉效果。

2. 三原色、三间色、复色

（1）三原色。色彩世界五彩缤纷，通过颜色来表达却离不开红、黄、蓝三种基本色的调配，这三种颜色不能由别的颜色调和而成，因此被称为“原色”。三原色红、黄、蓝是指色彩纯度最高，达到饱和度的正红、正黄、正蓝而言。

（2）三间色。间色又叫“二次色”，是由两种原色调配出来的颜色。因此在视觉刺激的强度上相对三原色来说缓和了不少，但仍有很强的视觉冲击力，可带来轻松、明快、愉悦的气氛，属于较易搭配之色。红+黄=橙、黄+蓝=绿、红+蓝=紫，橙、绿、紫三种颜色又叫“三间色”。

（3）复色。也叫“复合色”。复色是由原色与间色相调或由间色与间色相调而成的“三次色”，复色的纯度最低，含灰色成分。复色包括了除原色和间色以外的所有颜色，因此色相倾向较微妙、不明显，视觉刺激度缓和，如搭配不当，便易呈现沉闷、压抑之感，属于不好搭配之色。但有时复色加深色的搭配能很好地表达神秘感、纵深感和空间感；明度高的复色多用来表示宁静柔和、细腻的情感；在化妆中，复色也是运用得最多的色彩之一。

3. 类似色、邻近色、互补色

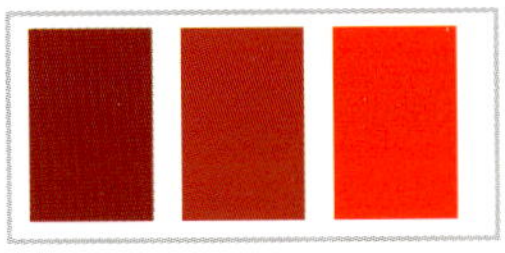

（1）类似色。比邻近色更接近的颜色，主要指在同一色相中不同的颜色变化。如红色中有紫红、深红、玫瑰红、大红、朱红、橘红等种类，黄色中有深黄、土黄、中黄、橘黄、淡黄、柠檬黄等区别。色彩调和统一，又有微妙变化，给人温柔、雅致、安宁的心理感受。只运用类似色系配色，是十分谨慎稳妥的做法，但有时会有单调感。添加少许相邻或对比色系，可以体现出活跃感和强度。

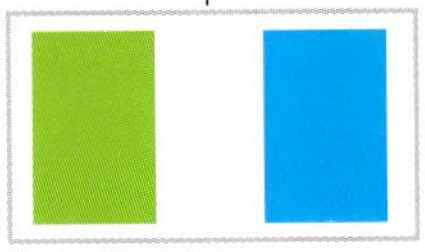

（2）邻近色。是色环上任一颜色同其相邻之色。也是类似色关系，只是范围缩小了一点。如红色和黄色，绿色和蓝色，互为邻近色。由于是相邻色系，视觉反差不大，统一、调和，形成协调的视觉韵律美，在安定、协调的同时又不失活力，是一种恰到好处的配色类型。

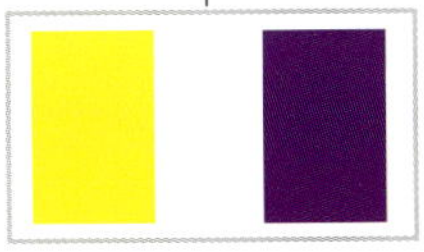

（3）互补色。是广义上的对比色，是指一原色与另外两原色混合的间色之间的关系。在色环上画直径，正好相对（即距离最远）的两种色彩互为补色。红色与绿色、蓝色与橙色、黄色与紫色形成强烈的补色对比效果。补色的运用可以造成最强烈的对比。最能传达强烈、个性的情感。在配色中通过加入中间色的方法使对比效果更富情趣，若想其搭配有统一、和谐感，可通过面积调整处理好主次关系、或调入黑白灰增加共性。

4. 色调

色调指色彩外观的重要特征与基本倾向，由色彩关系决定的整体基调。

色调主要由色彩的色相、明度、纯度三个要素而决定，其中某种因素起主导作用，称某种色调。从色相角度界定，如红色调、黄色调、绿色调等；从明度角度的界定，如灰色调、暗色调等，从纯度角度界定，如浊色调、鲜色调等。色调还常以冷暖倾向区分，如冷色调和暖色调。主色调和点缀色形成对比，主次分明，富有变化，产生一种韵律美。

图片来源：www.bizhisky.com

图片来源：http://maomao520.yeah.net

（二）色彩在化妆中的运用

色彩修饰在化妆中的作用绝不单纯是用着色起到一定的装饰效果，同时有协调、强调、联想、象征等意义的存在，而最终化妆色彩的真实意义又在于它构成了化妆造型的整体形象。以上只介绍了色彩的基本常识，在基础学习中主要学会掌握化妆的对比及调和关系的处理。

1. 色对比

色彩对比是区分色彩差异性的重要手段，主要是指色相对比、明度对比、纯度对比、冷暖对比、面积对比。从色彩心理上看，强对比有刺激、兴奋、强烈、炫目生硬等感觉；弱对比有柔和、细腻、微妙、模糊、混沌等感觉。在化妆中，无论是塑造角色，还是生活化妆中美化形象的目的，都离不开色彩的对比搭配。比如，当在脸部表现骨骼的凹凸，肌肉、皱纹的起伏，眼窝的凹陷，泪囊的鼓起等状况时，为强调局部的突起经常会用提亮色，而对其相邻凹陷部处理方法是加深颜色，并可在阴影色中稍加些冷色，以加强后退之感。这里就巧妙地运用了色彩的冷暖、明暗对比来表现体积。

（1）色相对比。最常用的配色方法有同类色配合、领近色配合、对比色配合、相对色配合四种。在化妆中，色彩的搭配组合的形式直接关系到形象整体风格的塑造。化妆时可以采用一组纯度较高的对比色组合，来表达热情奔放的热带风情；也可通过一组彩度较低的类似色组合，体现典雅质朴的格调。

同类色配合

邻近色配合

对比色配合

（2）明度对比。明度对比是指各种色彩在素描关系上的明暗对比和同一色彩不同明暗层次的对比。塑造面部立体感、五官立体感就是通过明暗对比制造视错觉，来塑造完美的妆容。

妆色对比的强弱很大程度上取决于色彩明暗差别的程度。如在同一肤色上修饰明度深浅不同的眼妆和眉妆，比较色彩的感受，会发现当眼妆和眉妆与肤色差异大时，效果突出；相反，当眼妆和眉妆与肤色的明度差异小时，效果柔和。

明度对比

（3）纯度对比。是指纯度强烈的色彩同各类含灰色彩之间的对比。当一种颜色和另一种纯度较高的色彩并列时，会觉得本身纯度变低，而与另一种纯度较低的色彩并列时，会觉得纯度变高，这种现象称为纯度对比。在化妆配色时，为了有意识地提高某种色彩的鲜艳度，可以借助于纯度对比的手段。在一种比较鲜艳的，也就是纯度比较高的色彩旁边，配以纯度较低的、模糊的含灰色彩，这样便可以获得生动、鲜明的效果。纯度高的色彩，在纯度低的色彩陪衬之下，将显得分外艳丽。比如，艳色口红与肤色形成强烈对比，有装饰感，可以增加整体妆容的艳美效果。

纯度对比

（4）面积对比。是指两个或多色块的相对色域，这是一种大与小，多与少之间的对比。化妆中，面积对比是指不同色彩面积的控制与对比要有主次之分，色彩的地位是按其所占面积的大小决定的，占据的面积大，在配色中就起主导作用；占据的面积小，则是起陪衬与点缀的作用。将两个强弱不同的色彩放在一起，若要得到对比均衡的效果，必须通过调整面积大小来实现，弱色占大面积，强色占小面积。而色彩的强弱是以其明度和纯度来判断的。一些高纯度或低明度的化妆色彩通常以小面积的辅色调，或点缀色出现，通过强烈对比衬托法，以衬托大面积的主色调，使主色调变得更加鲜艳。点缀色只要不超过一定的面积，是不会改变主体色彩形象的。

化妆中不同色彩的面积分布，无论用几种颜色来组合，首先要考虑选出主体色调。应避免等量、对称和凌乱。等量则无主次之分，对称则平淡无味，零乱则使人生厌。尤其是用补色或对比色时，无序状态就使主色调不存在了。色彩的分布要有大小、主次、轻重之分。当然，化妆配色有时出于某种目的，并不一定要分清主体色与点缀色。有时，各种颜色相混合也会产生良好的色彩效果。

面积对比

2. 色协调

统一的色彩搭配法，化妆整体效果中各种色彩的选择与组合显得融合和协调，并具有美感，这也是化妆所要求的基本色彩原则。

在一个妆面的所有色彩中，若色彩类似性过强、差异性过弱都将产生不调和的效果。因此，化妆色调的调和是类似性和差异性的高度统一，即统一中求变化，变化中求统一。

可以运用调和缓冲法。通过运用过渡手法，和谐衔接，使色彩之间贯通调和统一。还有呼应协调均衡法。局部与局部、局部与整体之间色彩的呼应，能显示和谐统一的美感。比如，一般生活化妆中都强调粉底颜色、五官装饰色应该与化妆对象肤色相匹配。角色妆中人物的肤色选择应该以种族、年龄、性别、性格、境遇、环境、健康等众多因素为可靠依据，还应与服装、灯光、背景等其他因素进行调和，更参与了整体造型。作为化妆对象的人是立体存在着的，那么这种协调也就体现在更多角度和层面中了。

3. 色强调

色强调是指在化妆整体视觉协调基础上的一种独立、突出的色彩运用。通常是运用高色调来加强、明确重点，引起观者注意的修饰方法。如在很多彩妆品广告中，模特脸上往往只突出眼影或口红的色彩，以强调产品的优点，吸引人们的注意力。

4. 色联想

色联想是指不同的颜色给人的不同心理感觉。而不同的人也会有不同的体会（因为人的年龄、性别、性格、环境、种族、职业等因素的差别）。那么在表演化妆造型中更应发挥妆色的联想作用，使其包含的情感力量得到完美展现，丰富色彩造型的空间。

5. 色象征

色象征是指当人的联想引发的感受具有很多共同特性时，便赋予了同一色彩相同的色彩象征意义。比如，绿色多让人感到青春和希望，红色多让人感到热情和喜庆，白色多让人感到纯净和神圣……对于化妆来说，强调色彩的象征意义也是十分重要的。

思考与练习

1. 举例说明化妆材料与附加物在化妆设计中的运用。

2. 素描是学习化妆的基础，在化妆中如何运用素描的原理进行创作?

3. 举例说明色彩中冷、暖色在化妆中所起的作用。

第二章

化妆与脸部基本形态

课题名称：化妆与脸部基本形态

课题内容：化妆与头部骨骼结构
化妆与脸部肌肉结构
化妆与脸部比例

课题时间：8课时

教学目的：掌握人的骨骼结构与脸部比例关系，准确把握各个部位的准确位置与细小变化。为掌握化妆技术打下良好的基础。

教学方式：讲述理论知识并配合多媒体教学；教师用实验来证实理论的客观性。

课前(后)准备：课前准备头部骨骼结构图，脸部肌肉结构图。

第二章
化妆与脸部基本形态

第一节　化妆与头部骨骼结构

一、骨骼的生理结构

头部的形体结构是非常复杂的。除了有五官起伏、凹凸变化和头颅形状的变化之外，在五官结构和头颅结构中，人的种族、民族、性别、年龄及个体特征都有一定的反映。因为人的生理结构基本相同，了解人的一般性结构，对分析、理解头部立体空间的概念，理解头部造型的基本特征很有用处，可以在化妆中起到举一反三的作用。

头部骨骼是化妆造型的基础所在。为了更自主、更有效地化妆装饰脸部和头部，有必要对这些部位的内部结构和外部形态有一个比较详尽的了解。

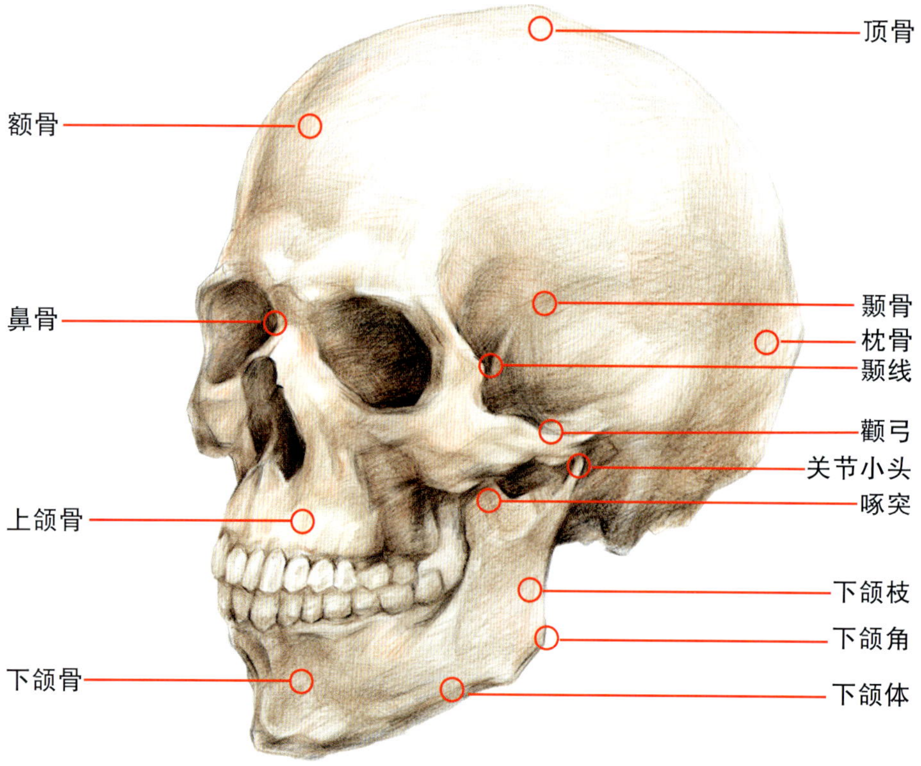

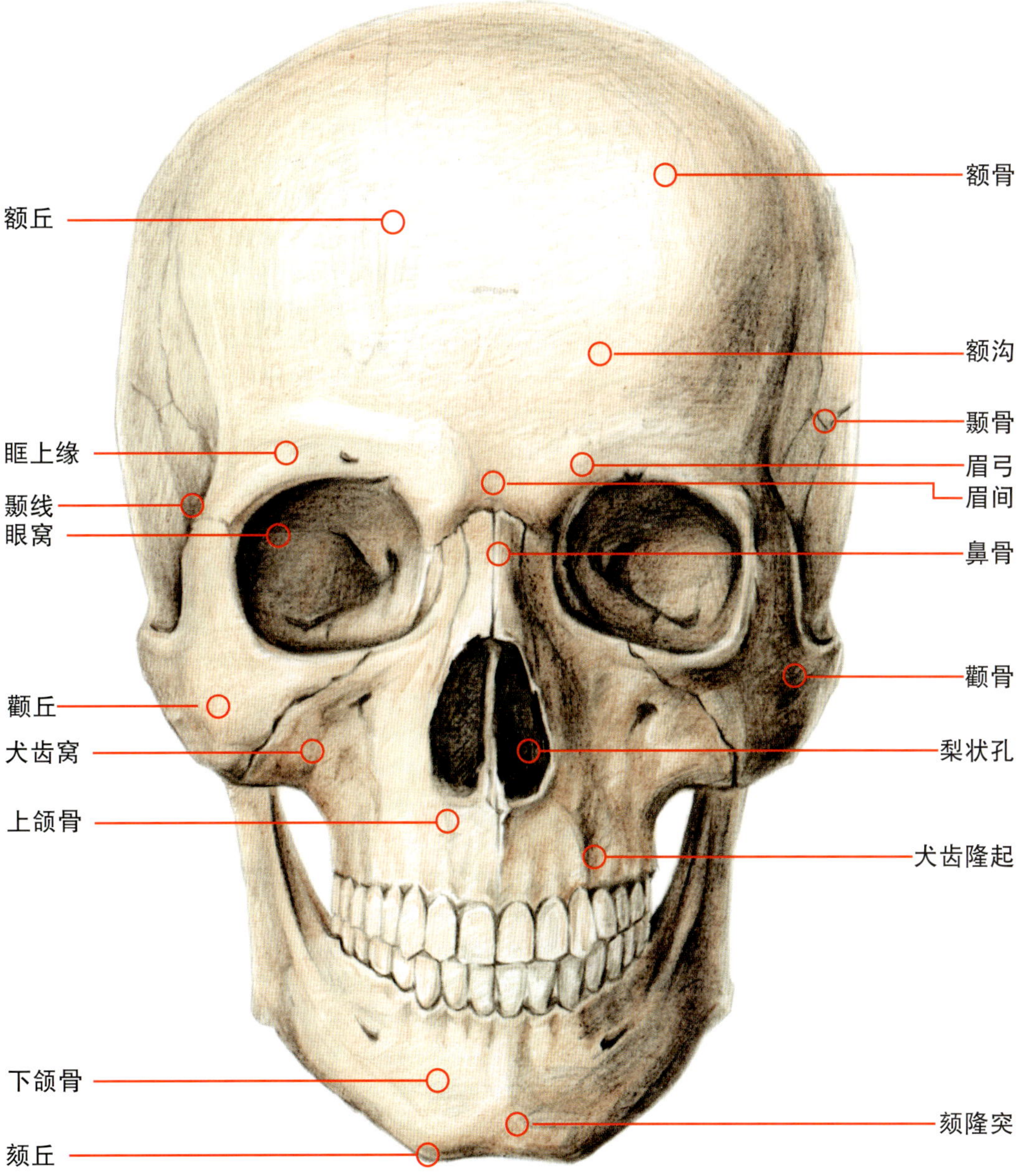
额骨
额丘
额沟
颞骨
眶上缘
眉弓
眉间
颞线
眼窝
鼻骨
颧骨
颧丘
犬齿窝
梨状孔
上颌骨
犬齿隆起
下颌骨
颏隆突
颏丘

第二章

化妆与脸部基本形态

（一）脑颅

头部眉以上耳以后的部分称为脑颅。

1. 顶骨

顶骨居头部最高位。左右一对，前缘和额骨相接，左右与颞骨相接。

2. 枕骨

枕骨位于顶骨后下部。

3. 额骨

额骨位于头顶前部，近似长方形，构成人颜面上方的大面，外表凹凸变化较多，上与顶骨相接，其中包括：

（1）颞线。使额骨正面与侧面呈现90°的明显转折，也是区分人颜面上半部正面与侧面两大面的界线。

（2）额丘。额骨上部两个圆丘状突起，也称额结节，女性额丘较为明显。

（3）眶上缘。额骨的下边缘，分别为左右两个眶窝。眶上缘的外端有明显的突起称“颧丘”，与颧骨相接。整个眶上缘是前额的突面与眶窝的分界线。

（4）眉弓。在眶上缘上方，眉弓与眶上缘平行，呈短的弓状隆起。眉弓外低内高，眉毛内低外高，两者正好成X形相交。男性眉弓较为明显。

（5）眉间。眉弓中间成渐凹的倒三角区。眉弓愈突起，眉间愈明显。

（6）额沟。额结节与眉弓之间产生一条横沟，称为额沟。

4. 颞骨

左右一对，在顶骨之下，额骨之后。颞骨后接枕骨（枕骨位置在头部后面上接顶骨、下连颈）。颞骨与顶骨、蝶骨（很小，且走向内层）、额骨共同构成颞窝。颞窝是浅浅的微凹下，面积较大，地位显著，十分重要。瘦人和老人尤其明显。

男女的额骨区别较大，男性的较方，起伏明显，整块额骨向后倾斜度大；女性的额骨圆而饱满，角度平直。

（二）面颅

头部眉以下耳以前的部分称为面颅。

1. 颧骨

颧骨成对，位于面颊中部左右两侧，为不规则的菱形骨，骨体中间微微隆起，十分粗糙，称之为“颧丘”，也叫颧结节。骨体的上下左右分为四支，上支较长，在眼眶的外下角与额骨的“颧突”相接，构成眶外缘，内支构成眶下缘与上颌骨相接，外支与颞骨的颧突构成“颧弓”，呈拱形条状隆起，从脸的正面看为最宽部位。其棱角分明，是面部明显的结构特征。瘦人颧弓突起，胖人由于脂肪所致呈内凹状。下支很小，内外支转折构成面部正侧面的区分点。

2. 鼻骨

鼻骨在额骨下缘，左右两上颌骨额突的中间，左右各一，构成鼻梁硬部，下接鼻软骨。近鼻根底硬骨高低因人种差异区别很大，一般男子的鼻骨比女子的略高些。小孩没有长成时，这块骨骼低而不明显外凸。

3.上颌骨

上颌骨在面部中央，与下颌骨共同构成口周围的半圆形，中央区与鼻骨相接，部分上升与额骨的眉间三角区相接，外侧与颧骨相连。在眼眶下方的上颌骨有一凹窝，称为“犬齿窝”。颧骨高的人此窝深，老人、瘦人、病人的犬齿窝往往显于外表。犬齿窝内侧下方是“犬齿隆起”。同样，老人、瘦人、病人往往显于外表。

4.下颌骨

下颌骨在整个头骨中是唯一分离的骨骼，位于面部前下方，近似马蹄形，分为下颌体和下颌枝，下颌体的牙床与上颌骨共同构成口部半圆形，前下方有一三角形突起称为“颏隆突”，颏隆突下面的两端称“颏丘”，也称颏结节。男颅较为明显。下颌体与下颌枝的转折交接部位形成的角度称“下颌角”，其角度大小随年龄的变化而变化，也和脸型有关。下颌枝上端有前后两支，前支为喙突、后支为关节小头。

二、骨骼与化妆的关系

（一）修饰与塑造形象的生理依据

骨骼是人面部结构美的基本构架，面部骨骼的凹凸起伏形成了面部丰富的立体变化。这些骨骼被肌肉和皮肤覆盖，在光照下形成面部阴影和亮部，形成了立体结构。化妆必须遵循面部骨骼的真实生理结构，并以此为基础，进行真实可信的结构调整，对面部进行矫形或者塑造形象。

（1）依据骨骼的凹凸原理，通过不同深浅的底色塑造完美的立体结构。在化妆中表现结构的凹凸层次脸部立体感时，要特别注意层次强弱起伏的刻画，才能塑造一张生动立体的脸庞。

（2）根据骨骼的结构，运用绘画的手段主要通过素描原理对面部不够理想的立体感进行矫正。如修饰肿眼睛时在肿眼皮上运用一些相对较深的颜色做处理，并提亮眶上缘、眼下方等其周围凸出的骨骼，使眼睛在视觉上有后退的效果。通过基本结构的调整，加上五官的修饰，有些难题就迎刃而解了。

（二）塑造形象特征的依据

很多人说绘画是在纸上进行创作，而化妆是在脸上进行绘画。不同的是前者是从无到有，而后者是在一定基础上进行矫正与创作。这个基础就是面部的骨骼与肌肉和皮肤所组成的立体感。

骨骼结构影响着人的种族特征、民族特征、性别特征、年龄特征及个体特征等。在骨骼结构中都有反映。例如：人从出生到衰老面部骨骼的变化可以大致分为三个阶段：儿童阶段、青年阶段和老年阶段。在塑造形象中无论是把青年改变成少年，还是将青年改变成老年，首先依据的是面部骨骼在不同年龄阶段的形态呈现。

我们在塑造这些不同的人物特征时都应以骨骼凹凸原理为出发点找到造型的依据。

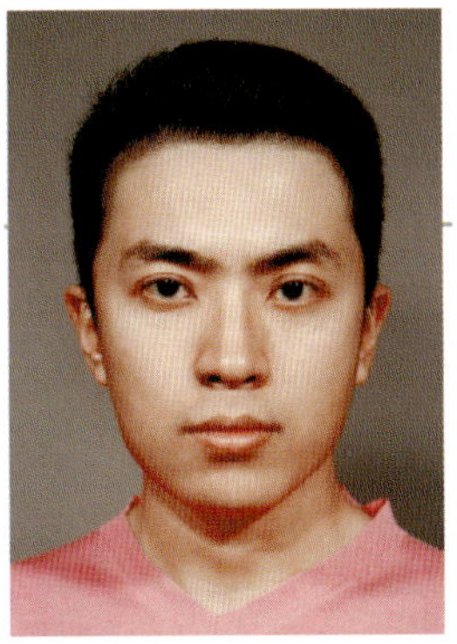

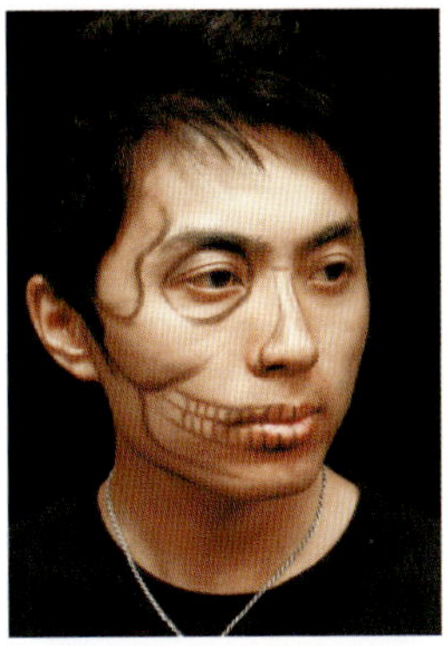

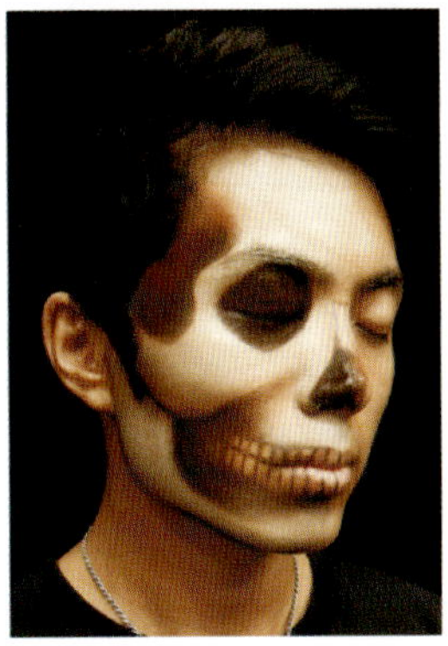

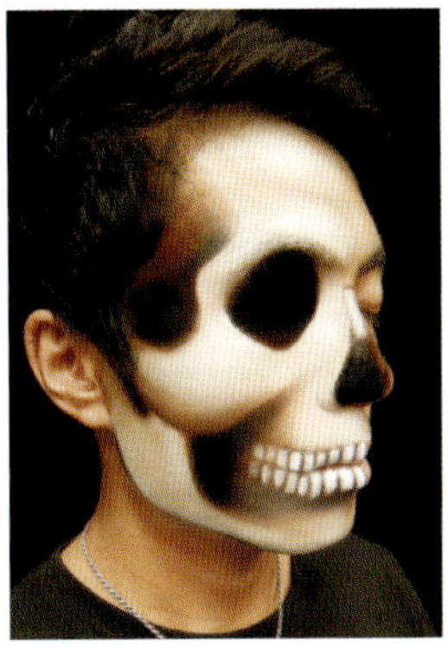

（三）骨骼妆的基本技法

化妆技术中最基础的训练是骨骼妆。化骨骼妆的目的是为了要掌握面部骨骼结构以及它们的形态。为矫正和塑造形象打下基础。

（1）用化妆笔蘸深棕色油彩或底色勾勒出脸部主要骨骼的位置。在无法用眼睛准确识别骨骼的结构位置时，可用手指轻按其轮廓，再用笔勾勒结构线。这一步要画出各骨骼的比例、位置、形状、结构转折关系。

（2）用深棕色的油彩或底色画出骨骼中的凹陷部位，注意灵活运用绘画的化妆技法，表现强弱、深浅、转折与起伏。

（3）调出骨面颜色在额骨、上颌骨、下颌骨处薄涂。使头骨的形比较完整。

（4）将骨骼中突起的骨点用浅色提亮，但一定要注意节奏与层次，切忌直接使用白色。要考虑骨骼突起部位的高低之分，把握好分寸尺度。

（5）注意亮色、阴影色、中间色调之间的衔接。

（6）牙齿的表现，牙齿的颜色最白，牙齿要一一点画出来。

三、表现瘦的化妆技法

前面我们讲过面部骨骼的结构与化妆的关系，人脸型的不同、胖瘦也不同，如何通过表层看本质，如何使人的形象变瘦。就必须利用这些骨骼结构的变化，让凸的部位更突出，让凹下去的部位凹的更明显些。

（一）表现瘦的化妆基本理论

1. 瘦的外形特征

脸部偏长偏窄。脸部骨骼结构明显，结构凹凸对比强烈。脸部脂肪薄，皮肤包裹着骨骼，脸部轮廓清晰硬朗。

2. 基础理论的运用

结合前一章化妆与绘画中的常识，主要通过线条、光影、色彩的处理表现不同程度的瘦。

（1）线条的表现：通过脸部线条的调整使脸部在视觉上有变长变窄的效果。可以增加脸部线条的直线感和棱角感，适当拉长面部的结构线，并拉近其间距，表现轮廓的硬朗。在具体实施过程中需注意线的位置要准确，要在符合本人生理结构的基础上进行适度调整。如鼻侧影的拉长、鼻梁的变窄；鼻唇沟的拉长、变直；两边颊窝的拉长、间距的缩短；眼窝阴影包住外眼角等的处理。

（2）光影的表现：根据新结构线和面部原有凹凸结构，将脸部凸起部位用浅色提亮，将脸部凹陷的部位用深色收缩。增加明暗的对比，强化凹凸对比，以突出瘦的明显结构。

（3）色彩的表现：一般来讲深色、冷色、浊色有后退、收缩的视觉效果；亮色、暖色、艳色有前进、扩张的视觉效果。

（二）化妆的步骤与技法

表现瘦的脸部外形一般有两种情况。一种是脸部立体、层次分明，有骨感美。这种外形和不同的皮肤、脸型、五官、发型、服饰等造型元素相结合，可以表现人的不同气质美。还有一种是脸部明显消瘦，棱角感强。这种外形和性别、种族、年龄、健康、性格等外形特征结合，可以塑造更为复杂的人物形象。

表现不同特征的瘦要具体分析外形要点，同时要以化妆对象本身的外形条件为依据。如本身就很瘦，在表现瘦的脸部外形时，一般以其脸部凹凸结构为基础，加强阴影和亮部刻画，增加明暗的对比。如本身较饱满，在表现瘦的脸部外形时，要活用绘画原理，从线条和光影入手，建立新的结构线、重组明暗关系。如果化妆对象很胖，是很难用化妆的手法表现瘦的特征的。因为绘画化妆有很大的局限性，以下以表现明显的瘦为例，介绍化妆要点。

1. 仔细研究被画对象的骨骼肌肉结构

2. 收紧外轮廓

脸盘的收缩是很重要的。脸小、五官大，人自然会显瘦，这就是对比的关系。选择正确的底色对表现瘦是非常重要的，通常使用的底色比化妆对象脸部肤色稍暗一些，深色底色有收缩脸部的作用。但具体的情况要具体分析，在表现不同性格、环境、健康等的瘦妆形象时底色也要有变化。例如，表现长期被病魔缠身的人物形象时，底色可以是苍白偏青或偏黄偏暗的颜色。

3. 勾勒表现瘦的结构线

在对结构完全掌握的情况下，用棕色把结构线勾勒出来。如额沟、颞线、眼窝、鼻侧、颊窝、颧弓下陷等的结构线等。为了使脸变消瘦，我们需要夸张瘦的感觉，这时也会在结构线上进行适当调整。但基本还是要依据人本来的骨骼结构，不能偏离结构太多。注意结构线之间的组合要有联系和主次之分。

4. 处理光影色调

根据前面结构线进行深层次的刻画，抓住人物面部可以凹陷的部位，如夸张额沟、颞部、颧弓下陷、颏唇沟、眼窝等进行适度夸张。同样对凸起的部位如额丘、眉弓、颧弓、鼻梁、颏隆等用亮色渲染，使面部凹凸变化明显。注意线、面的结合，否则结构转折关系及明暗层次会显得琐碎、花乱。

第二章
化妆与脸部基本形态

化妆中着重刻画以下几个部位：

（1）额沟。属于浅阴影，最深的地方是在眉间上方，两边分别走向额丘的外沿，形成一个微向上的半月形。阴影色画在眉间上面，中间色是在深色线上面，然后向上向左右额丘的外沿揉开揉匀。

（2）颞窝。是在颞线后面，逐渐向顶骨隆起部分伸延。最深的部位是靠颞线的地方。表现时不宜画得太深，太深会像骷髅妆。然后向后上方逐渐揉开揉匀。表现比较消瘦和干瘪的老人时，需要表现颞窝的下陷。所以要注意它在脸部整体层次中的地位。

（3）眼窝。其最深部分，一般是在正视时黑眼珠的正上方，左右向下垂而渐淡。这个阴影是深色在下中间色在上，向眶上缘和外眼角方向逐渐揉开揉匀。

（4）颊窝。在颧丘的前下方，用手按，可以触到上槽小臼齿，这是最深的地方，如果臼齿脱落，这个阴影特别明显。其形态如一个小的不等边三角形。化妆时，用深色在最深处附近画一个小三角形，将中间色画在深色线前面，逐渐向前、向上向下揉开、揉淡。注意刻画男性时颊沟就要画得明显些，女性则要求匀净柔和，而且要与颧弓下陷等相呼应。

（5）颧弓下陷。位于耳珠前，颧弓下面斜着向脸颊伸展。在前面说过，颧弓呈桥拱形的，它的上边和下边都是凹陷的。我们所说的颧弓下陷就是指颧弓下边较深的部分。其中最深的地方是靠耳珠的颧弓下边，这部分的阴影色是最深，向上（过渡到颧弓）向前（过渡到脸颊）逐渐减弱。这一步应该加强对结构具体转折、起止、穿插关系的理解和分析，搞懂各部分关系，并用明、暗准确体现这些结构关系。

5. 注意层次的把握

在脸部整体刻画时要有重点，不是所有的明暗都一样的，要有主次之分。也要注意局部立体形与整体立体形的关系处理。加强对脸部结构、明暗的整体比较，加强归纳能力，善于概括，敢于忽略次要细节的微小变化，从而加强和突出重点关系。说到底，只有看到整体，才能画得整体。在表现瘦的结构中，通过比较把亮面、中间面及暗面几大区域区别开来，同时在各区域进行更深入的比较和表现，这样就能明确光影的层次之分，着重刻画脸部的外轮廓和颞窝、眼窝、颊窝、颧弓下陷。

6. 加强五官局部的刻画

可将眉、眼、鼻、唇适当加以夸张。眉毛粗浓一些，眼睛、嘴唇的轮廓夸大一些都会使脸盘显小，人物显瘦。

第二章

化妆与脸部基本形态

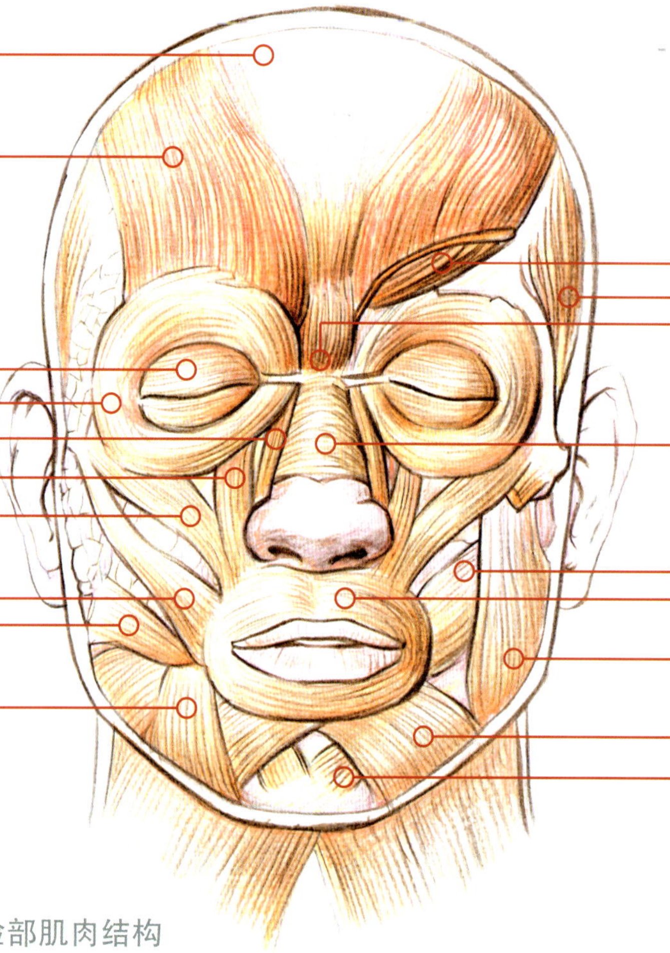

第二节　化妆与脸部肌肉结构

人体的肌肉覆盖于骨之外，大多数是两头附着于骨骼。它们都是随着意识支使，因此叫随意肌。唯有面部肌肉大多数是一头附着在骨骼或腱膜、筋膜上，另一头则是附着于皮肤。它们虽然也可以受意识支使，但是更主要的是在情绪的影响下专管传达面部细致而又复杂的感情，故称表情肌。

面部主要的表情肌有额肌、颞肌、皱眉肌、眼轮匝肌、降眉间肌、鼻肌、颧肌、上唇方肌、下唇方肌、咬肌、口轮匝肌、口三角肌等。它们在不同的情绪影响下，牵动皮肤，就会产生细致复杂的面部表情。

一、脸部肌肉的生理结构

（1）额肌。额肌的上面是颅顶肌，向下附着在鼻部的上端和两侧以及眶上缘的皮肤。此肌微微收缩时表现出思考的表情，紧张时表达惊愕的表情，与皱眉肌配合运动时，表达悲哀等情绪。额肌的肌肉纤维运动方向是上下的，外表皱纹的生成方向与肌肉生长方向成垂直关系，因此，额部皱纹是略带波纹的横行纹。以额头中心为界，左右两边呈不完全对称形状，两边皱纹呈向上弧形。

（2）颞肌。自颞窝始，下延伸至颧骨内侧。咬物、言语时活动最多。在非常愤怒与残忍时，往往咬紧牙关，此肌必张紧而显示于外形。

（3）皱眉肌。位于眉间两旁的骨面上。各自左右与额肌、眼轮匝肌相交错而附着于眉及眉毛中部的皮下。收缩时，眉间形成明显的凹沟，表达思考、烦恼等表情。由于皱眉肌活动频繁而使眉间形成的皱纹是竖形的，形似“川”字。

（4）降眉间肌。起于鼻骨下部，向上附着于鼻根与眉间的皮肤。此肌肉主要与皱眉肌联合行动，使眉头收缩下降，在鼻根处挤出一条或数条横纹，表现注意、思考等表情。

（5）眼轮匝肌。在眼眶周围，肌肉纹理沿眼眶绕圈。肌肉扁薄，作用是开闭眼睛和辅助表情。人平常开闭眼睛，都是上眼皮肌肉起作用，下眼皮肌肉一般不动。闭合时且上眼皮覆盖于下眼皮之上。眼轮匝肌内层的深层肌肉收缩，可使眼球突出，加强惊愕、愤怒、威吓等表情。由于眼部运动比较多，且表情变化大，眼部周围随着年龄增加，会产生一定的皱纹，皱纹方向与眼轮匝肌方向垂直，呈放射状。

（6）鼻肌。分横部、翼部、中隔部三部分。横部走向鼻梁皮肤，左右相接于鼻梁部，翼部走向鼻翼附着于皮肤，中隔部附着于附近的皮肤。鼻肌是不发达肌肉，往往伴随着四周肌肉运动而产生哭、笑等表情。鼻肌在鼻部与鼻梁方向十字相交。因此鼻的皱纹是与鼻梁平行的。

（7）颧肌。起于颧弓前，在上唇方肌外方。斜牵于颧丘和口角之间，收缩时颊部形成弓形沟纹，并牵动嘴角向上，显现喜悦、欢乐的表情。

（8）上唇方肌。上端分三个头，起于内眼角与鼻梁之间的骨面上的叫肉眦头；起于眶下缘的叫眶下头；起于颧丘内斜下方颧骨骨面上的叫颧骨头。三头向下合而为一，附着在鼻翼旁的鼻唇沟皮肤，一部分与口轮匝肌相连。主要表达气愤、哭泣等表情。

（9）笑肌。笑肌为微笑时所运用的肌肉，位于口的两侧，各有一块，在微笑或大笑时能使嘴张开。

（10）下唇方肌。起于下颏两旁的下颌体边缘，向上斜行附着于下唇皮下及黏膜内。这两块上内下外呈八字形生长的肌肉可以使口角牵向外下方，可表示烦躁、不平、不满、厌憎、轻蔑、痛苦及威吓等神态和表情。

（11）咬肌。是长方形的浅层肌肉，生于颧弓以下的颊部侧面。上面起于颧弓前半段骨面上，主要起咀嚼作用。在表情方面，当愤怒或抗拒外来刺激时，咬肌收缩，隆现于外表，并与颞肌配合，起闭口、咬物、言语、愤怒、残忍等表情和运动作用。

二、肌肉与化妆的关系

肌肉附着于骨骼之上，与骨骼一起形成面部不同的形态特征。肌肉的厚薄、生长方向，成为面部丰满或消瘦的主要生理依据。肌肉的走势也能体现一个人的精神面貌，这就是我们常说的“相随心生”。

面部肌肉的活动，就是不断地收缩与扩张，表皮也随之运动。随着年龄的增长而逐渐衰老，肌肉在这衰老的过程中，逐渐失去弹性而萎缩，肌肉开始下垂。表皮就会失去依托，这样就会产生皱纹。我们在表现增加年龄感的妆面时，就是根据不同的年龄阶段，肌肉的衰老程度来表现肌肉的下垂程度与走向。

化妆时一定要了解肌肉的走向与产生的表情之间的关系。比如额肌向下附着在鼻部的上端和两侧以及眶上缘的皮肤，此肌微微吸缩时表达惊愕的表情等；与皱眉肌配合运动时，表达悲哀等情绪。如果生活中一直是保持乐观态度的人，肌肉的走向就会往横向的发展，如果生活中经常是悲观的，肌肉的走向就会往纵向发展。我们在塑造不同性格的人物时要考虑性格表情对肌肉走向与形成的影响。

三、表现胖的化妆技法

（一）表现胖的化妆基本理论

1. 胖的外形特征

胖不管是什么原因造成的都是脂肪堆积的结果。从整体看胖人，胖的部位首先是腰部、腹部、臀部、背部，然后是面部及四肢。

胖人的脸部特征是：脸型偏圆或者呈梨形倒挂，有双下巴。皮下脂肪多而厚，填平了骨骼的凹陷，使脸部凹凸感明显减弱，脸颊部呈现近似半圆球的突起，饱满圆润；五官中眼窝被脂肪填充，使眼睛显小；鼻子也变得不够挺拔，鼻头显圆；嘴唇也变得圆润饱满。健康的胖人皮肤较细嫩，不管是黑皮肤，白皮肤，气色都相当红润，或黑里透红、或白里透红。过于肥胖者甚至头部和颈部几乎是一体的。

当然，生活中的胖人也会各有长相。化妆中运用画胖的技法，一般是为了塑造角色人物。

2. 基础理论的运用

结合前一章化妆与绘画中的常识，主要通过线条、光影、色彩的处理表现不同程度的胖。

（1）线条的表现：通过脸部线条的调整使脸部在视觉上有变短变宽的效果，可以增加脸部线条的圆润感和横向感，适当拉宽面部的结构线，并拉开其间距。在具体实施过程中需注意线的位置要合理，要在符合本人生理结构的基础上进行适度调整。

（2）光影的表现：首先减弱明暗的对比，以柔化面部凹凸感。根据新结构线和面部原有凹凸结构，将脸部过于凹陷的部位用浅色提亮，将脸部过于突出的部位用阴影色收缩。再用渐进的光影过渡，表现最暗、暗、中间色调、亮、最亮的层次变化，以突出胖的明显结构。

（3）色彩的处理表现：之前已提过深色、冷色、浊色有后退、收缩的视觉效果；亮色、暖色、艳色有前进、收缩的视觉效果。这里主要用到阴影色、中间色亮色和肤色是类似色。

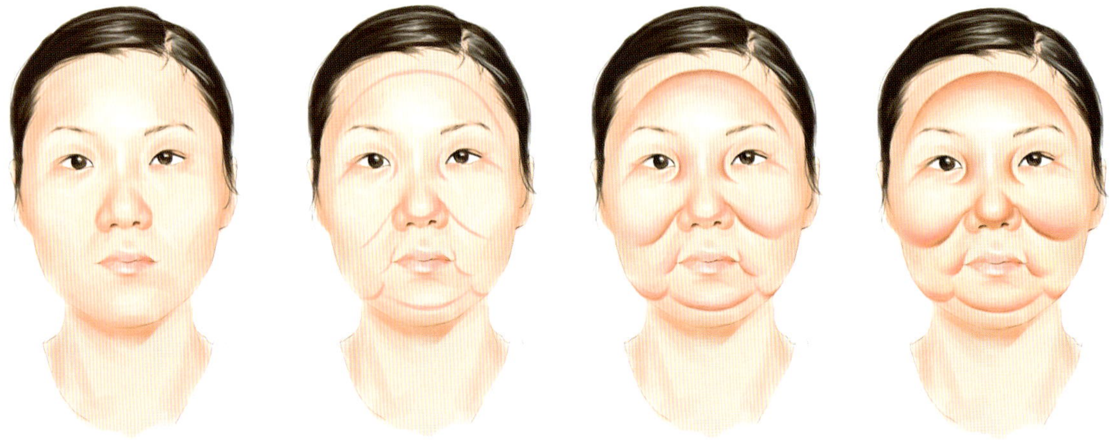

（二）化妆的步骤与技法

表现胖的特征，要考虑身体与脸部的饱满、圆润感在视觉上要整体统一。以下介绍的是适合舞台用的绘画化妆的方法，在不同的环境和人物要求上都要注意明暗对比、凹凸立体、色彩三方面的整体协调。

1. 仔细研究化妆对象的面部凹凸结构，寻找可以利用的结构

2. 放大外轮廓、填平凹陷

胖妆底色的处理一般以偏暖的浅底色为主，在我们日常的印象中健康的胖人总是白白胖胖的，或者肤色是白里透粉红的。浅色在化妆色彩中也有突出、放大的视觉效果。当然，底色的基本色调还要根据具体情况而定。在打完底色后，如化妆对象偏瘦，需要用提亮色将凹陷的阴影部提亮，如眼窝、颞窝、颧弓下陷、颊窝等。注意用色不要太厚，否则会影响后步骤的刻画。

3. 勾勒表现胖的结构线

在化胖妆时首先把整个脸部的大轮廓作缩短变宽处理：用圆弧线勾勒出外形，其中脸下半部两侧的轮廓由小弧线组合，表现赘肉，同时勾出双下巴；再将脸上的局部，如额头、面颊、鼻头、嘴角等做圆弧线处理。这里的结构线是由大小长短、虚实变化不同的圆弧形线条组成的，注意线与线之间的呼应，组合成自然的结构。

脸颊的圆是表现重点，起笔轻而细，在鼻翼边与鼻唇沟起点重合，弧线横向伸展，和周围结构有微妙联系，勾画时要有轻、重、轻的虚实变化，可以让化妆对象做笑的表情，来找寻结构线的参考位置，使刻画的新结构线有真实感。

鼻根线条降低拉宽处理，似一对月牙形。嘴角用横向伸展向上的小弧线勾出胖的鼓起。颏唇沟半圆勾画。这些弧线都是中间最圆处实，两头虚化。

4. 处理光影色调

把整个脸以及脸上的局部作明暗关系的处理。利用我们前面讲过的绘画的化妆技术来表现胖妆，通过素描的黑白灰，化妆色彩的运用使本身脸很瘦的人变得胖起来。在化妆的时候首先将脸的大轮廓作为球状来表现，然后再将各个局部作为小的球状体来画出黑白灰层次。由于素描关系准确了，就会在视觉上造成脸部的丰满。这种素描关系是用色彩的深浅来塑造的。

着重刻画以下几个结构:

（1）脸颊部有厚厚的脂肪团，将结构线用偏暖的中间色向上过渡开。鼻翼边起笔处要薄而浅；最厚的部位最圆暗处也最暗，要增加过渡面的宽度；还要将亮色外移。这个部位也可以用腮红过渡衔接，可增加健康感和饱满感。

（2）胖人的鼻子由于面部脂肪的堆积，两腮的肉往前堆，鼻子相应的不那么明显。所以鼻侧部可提亮。鼻根部分侧影结构过渡窄而浅，也可用稍暗色将鼻根处理得略平一些，鼻头、鼻翼用亮色和暖色画圆一些。

（3）眼窝处提亮，使上眼睑丰满些。

（4）颏唇沟向下向两边过渡，提亮下颏中央，突出圆而饱满的下颏。颏部下边有脂肪堆积形成的双下巴结构线，要向上向两边过渡。

（5）脸下半部两侧的轮廓处有脂肪沉积，所以越到下边越是浑圆，脸和颈部无明显界线，所以把这个部分也应用亮色和暖色给以夸张，结构表现柔化些。

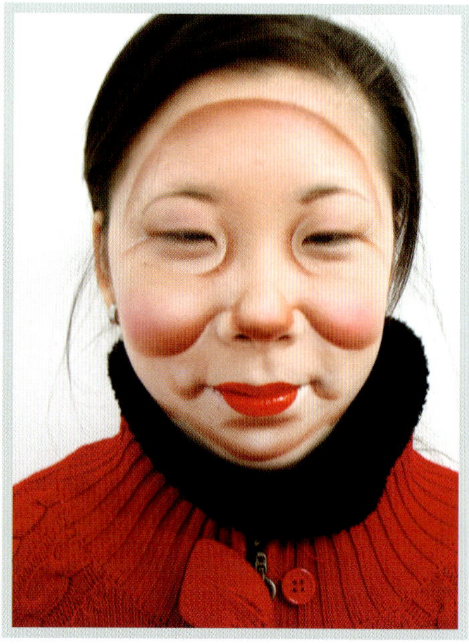

5. 注意层次的把握

这里和瘦的结构表现一样，要注意局部与局部组成的形要有联系、局部与整体间有主次强弱的把握。关键是要多观察生活中的胖人，化妆主要表现出人面部的脂肪堆积感，要考虑肌肉的走向和皮肤的质感，避免一味僵化地画圆球。根据光影规律，从暗到亮、从亮到暗应是渐进性的，明暗间的过渡是柔和、细致的，不可出现生硬块面。

6. 弱化五官局部的刻画

眉、眼适当弱化。鼻唇圆润描画。会使脸盘显大，人物显胖。画双眉时间距要拉开、形要短、稍微圆一些，松散、浅淡一些，眼要弱化。用底色盖住眼线，使双眼变小。胖人的唇一般都比较丰满，口型比较松，下唇稍厚一些，应该抓住这个特点，在型、色上可以适当地给以夸张。

第三节　化妆与脸部比例

一、整体比例关系

人的面部不仅拥有形式美的基本要素，而且还具有形式美最精确的比例。面部轮廓，以左、右鬓角发际线间距为宽，以额头发际线到下巴尖的间距为长，构成一个黄金矩形。黄金矩形是指宽与长之比等于或近似等于0.618的长方形。比例恰当、左右基本对称的面部才让人觉得漂亮。而鼻子是面部的中心，它上承额部，下接口唇，对五官的和谐起着重要作用。面部的线条美和立体感都以鼻部为中轴线，鼻子将面部平衡对称统一在其两侧。从侧面看，鼻部的轮廓线从鼻根至上唇占有面部的两个“ S ”形曲线，这种美丽柔和的线条正是容貌美的要素。

人的体貌特征千差万别，特别是不同年龄、不同性别、不同人种的整体比例都很难有统一标准。人的五官位置和形态特征各有差异，当前美学家用黄金面容分割法分析标准的面部五官比例关系，五官的比例一般以“三庭五眼”为标准。“三庭五眼”是对脸型精辟的概括，对面容化妆有重要的参考价值。也是中国古代总结出来的描绘人的脸部美比例的基准。

第二章
化妆与脸部基本形态

1. 三庭

所谓“三庭”是指脸的长度比例，即由前发际线到下颏分为三等份，故称“三庭”。“上庭”是指前发际线至眉线部分；“中庭”是从眉线到鼻底线部分；“下庭”是从鼻底线到颏底线部分，它们各占脸部长度的三分之一。

2. 五眼

所谓“五眼”是指脸的宽度比例。从正面看，以眼睛长度为标准，从左耳孔到右耳孔把面部的宽分为五个等份。两眼的内眼角之间的距离应是一只眼睛的长度，事实证明，“三庭五眼”的比例基本符合我国人体五官外形的比例。

从“三庭五眼”的比例标准可以得到以下结论：“三庭”决定着脸的长度。其中鼻子的长度占脸部总长度的三分之一；“五眼”决定着脸的长度，两眼之间应有一只眼的距离。面部的这一对应关系成为矫正化妆的基本依据。

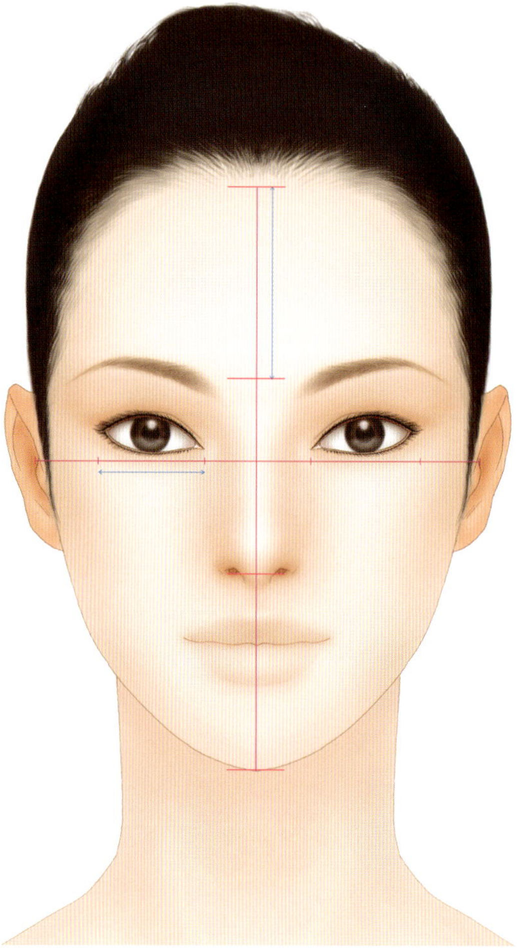

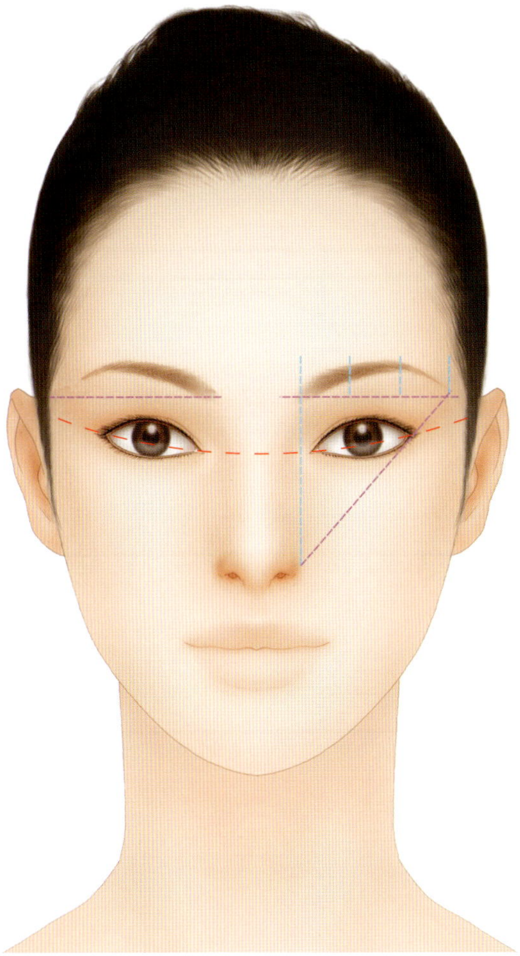

二、局部比例关系

（一）眼睛与脸部的比例关系

眼轴线为脸部的黄金分割线，眼睛与眉毛的距离等于一个眼睛中黑色部分的大小。眼睛的内眼角与鼻翼外侧成垂直线。

（二）眉毛与脸部的比例关系

眉头、内眼角和鼻翼两侧应基本在人正视前方的同一垂直线上。眉梢的位置在鼻翼与外眼角连线的延长线与眉毛相交处。

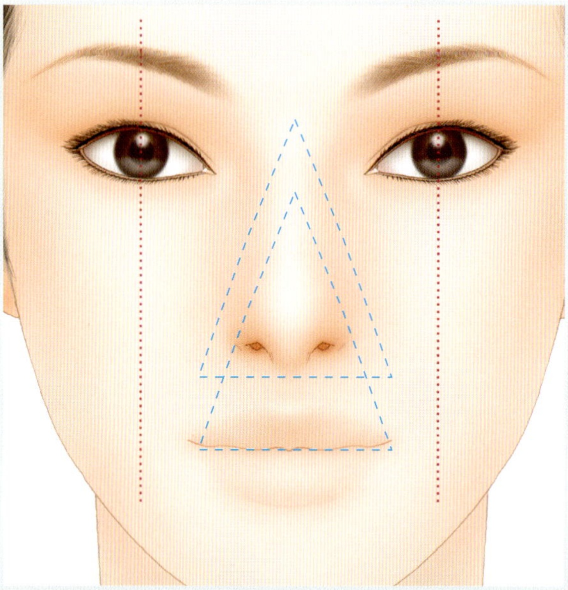

（三）鼻子与脸部的比例关系

黄金三角是指腰与底边之比等于0.618或近似值的等腰三角形，其内角分别为36°、72°、72°。人体具有三角形特征的部位很多，但对人的面部形象极具重要意义的，是集中在人脸部的三个三角形。

（1）鼻部正面，是以鼻翼为底线与两眉间中点构成的一个黄金三角。

（2）鼻部侧面，是以鼻根点（两内眼角连线中点）为顶点，鼻背线（鼻根点和鼻尖的连线）与鼻翼底线构成的一个黄金三角。

（3）鼻根点与两侧嘴角，是以嘴角连线为底线与鼻根点构成一个黄金三角。

（4）鼻部轮廓，以鼻翼间距为宽，以眉头连线至鼻翼底线间距为长，构成一个黄金矩形。且此矩形位于面部轮廓黄金矩形的正中央部位。鼻部宽度是鼻翼间距，正好等于内眼角间距，鼻梁宽度为两内眼角间距的三分之一。

（四）嘴唇与脸部的比例关系

嘴部轮廓，当面部处于静止状态时，以上唇峰至下唇底线间距为宽，以两嘴角间距为长，构成一个黄金矩形。标准唇形的唇峰在鼻孔外缘的垂直延长线上，嘴角在眼睛平视时眼球内的垂直延长线上。下唇略厚于上唇，下唇中心厚度是上唇中心厚度的2倍；嘴唇轮廓清晰，嘴角微翘，整个唇形富有立体感。

思考与练习

1. 面部骨骼结构、肌肉结构对化妆的作用有哪些?

2. 五官之间的关系如何?

3. 在绘图纸上练习骨骼结构、肌肉结构，并能熟练快速指出结构位置。

第三章

化妆与底色的塑造

课题名称： 化妆与底色的塑造

课题内容： 底色与皮肤的塑造
底色与脸型的塑造
底色与结构的塑造

课题时间： 8课时

教学目的： 掌握皮肤的性质与特点，用化妆技巧来塑造最好的皮肤质感和最理想的脸型。

教学方式： 讲述理论知识并配合多媒体教学；教师用实验来证实理论的客观性。

课前(后)准备： 课前准备化妆材料与化妆工具。

第三章

化妆与底色的塑造

第一节　底色与皮肤的塑造

皮肤是化妆底色的载体，它覆盖于身体表面，皮肤可以保护体内组织和器官免受外界的各种刺激和损伤；可以排汗、分泌皮脂、散热、保温，同时也是一个重要的感觉器官。皮肤犹如一面镜子，可折射出人的健康状况、年龄和情绪等。

一、皮肤的形态

化妆的功能之一是改善和修饰皮肤的外观。皮肤的质地、色彩等因素能体现一个人生存环境、身份、年龄、身体状况、时尚元素等。因此，了解皮肤的形态对塑造人物形象非常重要。

人的皮肤在容貌美中有重要地位，均匀、光泽、润滑的皮肤会赋予人以健康、清爽、和谐的美。皮肤美的综合性判断标准，主要有五大依据：

（1）皮肤健康有活力，肤泽红润亮丽。

（2）皮肤洁净，无斑点。

（3）富有弹性，光滑柔软，不皱缩或粗糙。

（4）肤质呈中性，不易敏感、油腻和干燥。

（5）皮肤耐老，随年龄增长缓慢衰退。

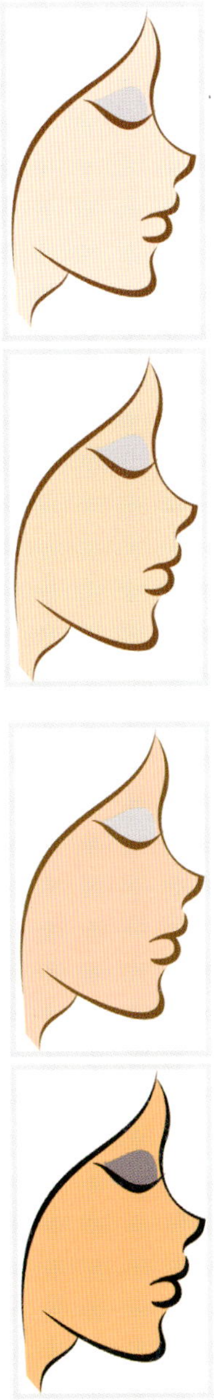

（一）肤色

肤色即皮肤呈现的颜色，主要由黑色素决定，与皮肤美有密切关系。肤色因种族、个体及分布部位的不同而有差异。不是每个人都能拥有健康的肤色。肤色会随年龄、季节、健康状况、生活环境等影响而发生变化。肤色苍白或偏黄，就会显病态。白皙剔透显雅致、文静。黝黑光泽显健康、时尚。一般认为正常或健康状态的肤色就是美的。

黄种人的皮肤从颜色深浅看可分为浅肤色、中肤色和深肤色。从色调看可分偏白色、偏红色、偏黄色、偏黑色四种类型。没化妆时面部肤色是不均匀的。由于皮肤上各个部位的色素分布不均匀，造成脸部各部位的皮肤色调有深浅、冷暖的变化。一般前额的皮肤颜色偏深，眼周围的皮肤发黑发青，面颊、鼻头部位的肤色偏红，嘴周围的皮肤颜色偏黄，而下巴部位稍微有些偏绿（男士非常明显）。妆前需观察化妆对象脸颊、额部、颈部的自然肤色以对妆色做出准确选择。同时，一定要仔细分析所要塑造的妆容需要选择怎样的肤色，如在角色人物的表现中，某种状况下肤色往往说明了人的生活环境、性格特点、人生经历等，千万不能一概而论。

（二）肤质

每个人都希望有健康的皮肤，但这种情况毕竟是不多的，人的皮肤不可能十全十美，只能根据皮肤的性质补缺增优。皮肤还会随着年纪的增长、生理的变化，或地域环境的影响等发生各种变化。根据皮肤的不同形态大概分为五种不同性质的皮肤。

1. 干性皮肤

（1）特征：洁白细嫩， 易生细小的碎皱纹，洗好脸后会感到皮肤发胀。皮肤表面脂肪分泌量极少，毛孔细而不明显，不易出粉刺和小疙瘩。由于缺少自然的油脂滋润，脸部皮肤显得干涩无光。化妆附着力强，不易脱妆。

（2）保养：在选择洁肤产品时，可选择略含酸性的洁肤产品，护肤产品应该选择油性类的护肤品，增强皮肤的油脂，增加皮肤的营养，保持皮肤的弹性。

（3）化妆：干性皮肤的人多化妆会加重皱纹，所以尽量选用油性高的滋润型粉底液或粉条霜，待妆时经常往脸上喷些化妆水或矿泉喷雾补充水分。干性皮肤的人，刚化妆完时，妆容易有浮的现象，需等一会儿，才有贴合感。应选用温和的卸妆水或卸妆乳液彻底卸妆，宜用不含碱性物质的膏霜型洁肤品，再用温和滋润的奶状洁面产品温水洗脸。

2. 中性皮肤

（1）特征：皮脂与水分保持平衡，光滑细腻，厚度中等，滋润有弹性，对外界刺激反应也不大，肤色均匀，毛孔细致，是最理想的肌肤。但会随季节和年龄而发生变化。一般春夏季会偏油亮些，秋冬季会偏干爽些，但保养不当也会变干或变油。

（2）保养：选择一些温和的护肤类保养品，还有就是良好的生活习惯、有规律的作息时间，对保持皮肤健康是非常重要的。

（3）化妆：冬季宜选用油一些的粉底液，并经常往脸上喷些化妆水；夏季选用干一些的不脱色粉底液，并准备好吸油面巾纸及干粉饼补妆。卸妆宜选用温和的中性卸妆乳及泡沫型洗面奶，温水洗脸。

3. 油性皮肤

（1）特征：油性皮肤的表面脂肪分泌量多，呈现出油亮的光泽，肌纹粗，毛孔大而显眼。油性皮肤的优点是不易起皱纹，缺点是容易生粉刺、痘痘。妆面容易脱落，或被皮肤吸掉。

（2）保养：清洁皮肤，可选择略含碱性的洁肤产品，控制油脂的分泌，可以选择一些控制油脂分泌的洁肤产品，选择护肤品时可以选择含水性的产品。大量补充皮肤的水分，减少油脂的分泌，保持皮肤的呼吸通畅。油性皮肤的人在饮食上也要注意，不宜多吃油炸的、甜腻的、辛辣的食品；同时要保证充足的睡眠。

（3）化妆：油性皮肤的人夏季最好少化妆，如必须化妆则最好选用含油分极少的干粉。其他季节可选用偏干的粉底液或粉底霜，多扑些散粉定妆。应注意备好吸油面纸及干粉饼随时补妆。每天睡前必须彻底卸妆，选用油性的卸妆油或卸妆乳，用卸妆棉轻擦脸部，再用磨砂型洗面奶或洁面皂温水洗脸。

4. 混合性皮肤

（1）特征：脸上油性和干性两种皮肤混合存在的一种皮肤，油性皮肤呈T形分布，即额部、鼻及鼻周区易泛油、长粉刺；其他部位特别是眼周围和脸颊较干。女性此类肤质者偏多，约有百分之八十为混合性皮肤。

（2）保养：在不同性质区域中配合相应的护肤品，效果会更佳，皮肤的性质会得到改善，达到最佳的状态。

（3）化妆：选用油分适中的粉底液或粉底霜，T区部位多扑些粉，注意随时吸油及补妆。卸妆时选用中性皮肤适用的卸妆乳及泡沫型洗面奶温水洗脸。

5. 敏感性皮肤

（1）特征：换季时易生湿疹，仅因水质的变化，皮肤也会发生变化。在接触化妆品和粉尘后，会出现红肿、痛痒等反应。有的敏感性皮肤受日光照射时出现红斑，有的因饮酒、食入海产品而出现皮疹和红肿瘙痒等。

（2）保养：不易使用果酸类或没有添加防过敏剂的天然类护肤品。注意防晒，避免日光伤害皮肤。注意饮食，少吃辛辣类的食品，避免刺激皮肤，选用无刺激性的化妆品。

（3）化妆：过敏性皮肤千万不能频繁更换护肤品及化妆品，初次使用的产品应事先进行适应性试验，方法为在手背处或耳根处涂少量产品，如无反应方可使用。妆前可用绿色的修颜液涂脸以免皮肤上妆后泛红。卸妆用品一定要温和无刺激的，用全棉卸妆巾轻轻擦拭，应用高级些的敏感性皮肤专用洗面奶，洗脸水不可过热过冷。

随着季节和年龄的变化，皮肤性质也会相应有所改变。一般，在冬季皮肤普遍偏干，油性皮肤的皮脂分泌量也相应减少；夏季的皮肤偏油，干性皮肤也会显得光泽滋润。年轻时油脂分泌多于老年时，中性皮肤的人到了中老年后也会成为偏干性皮肤。干性皮肤的人，随着年龄的增长会日渐干燥无光。

二、底色对皮肤的修饰

化妆中的皮肤修饰是整个化妆效果的基础，犹如金字塔的底，楼房的根基。底色对皮肤修饰主要分为保护皮肤、调整肤色、紧致皮肤、改善皮肤质感、掩盖脸部瑕疵等几方面。

（一）保护皮肤

不仅护肤品有保护皮肤的作用，底色也有。底色不仅可以滋润皮肤、抑制皮肤多余油分，更可以在皮肤上制造一层薄膜，对风吹日晒、辐射等外界刺激，有一定的防御能力。目前，具有保湿、防晒功能的粉底颇受人们欢迎。

（二）调整肤色

随着年龄的增加、地域环境的不同，肤色会渐渐变得不均匀，皮肤变得粗糙、灰暗。化妆造型中的肤色调整，首先是利用色彩补色的原理。主要是用彩色系粉底修饰并调整肤色，让后上的肤色系粉底更自然、清透。淡绿色的修颜液修饰偏红色的肌肤，淡紫色的修颜液修饰偏黄色的皮肤。使用修颜液的皮肤会变得均匀白晰、柔和明亮。比如，将偏黑黄的面色调整为红润的健康色；将无光泽的灰黄色变成滋润的粉嫩色；将苍白的病容色敷成理想的健美色等。但并非每个人的化妆都需要修颜步骤，还是需因妆而异，因人而异。

如何选择粉底的颜色，这与化妆设计的风格、地域文化审美、气候、媒介、时尚流行等因素都有密切的关系。人们对化妆的审美也在不断地变化，皮肤颜色的呈现不仅仅是一种外在审美活动，同时也承载了社会、经济、审美等多方面的文化艺术内涵。在长期的工作实践中，改变与调整肤色要根据各人的具体条件而作选择，在化妆中不可只机械照搬，而是要根据不同化妆对象具体的面部条件、化妆风格、妆型定位等进行选择，并采取相应的技术处理，也要考虑妆型效果对产品和工具的具体要求。

比如，生活中粉底的颜色和肤色接近为好。选择粉底的原则是：粉底色彩要与肌肤亲和，与肤色相近或略浅一号。过白的粉底会给人假面具的感觉，过深的粉底会使皮肤显得太暗。白种人适合粉红色基调粉底，黑种人适合红棕色基调粉底。亚洲人不太适合偏红的粉底，一般象牙白或偏黄的粉底与亚洲人肤色基调更接近。除根据肤色选择粉底外，还要根据妆型的需要来选择粉底色。淡妆要选自然感的粉底色，浓妆在选择粉底时随意性较强。再则，白天与晚上场合不同、照明不同、粉底色的选用也应不同。涂抹时要均匀，薄厚要适中，涂抹方向和用量要掌握得当，面部颜色要统一。

（三）紧致皮肤

化妆中的紧致皮肤提升肌肉线条，与美容中紧致皮肤的概念有差别。美容是通过美容紧致产品或仪器来紧致皮肤的，化妆中的紧致皮肤是通过化妆的技术，底色明暗的变化运用使人们产生视错觉提升肌肉线条，使皮肤感觉上变得更紧致。如亚光、偏深的底色有收敛作用，使皮肤显紧致。因皮肤松弛出现的凹痕，可以选择比肤色亮的肉色，用扁头化妆笔轻抹在凹痕处，再用指腹轻点和底色衔接好。当然这只是在视觉上暂时解决了问题。

（四）改善皮肤质感

皮肤质感的表现也是专业化妆师应掌握的必要技巧，是流行风尚中修饰的重点。现代科学技术的发展，使粉底的材质也有了越来越多的选择。我们可以通过不同的粉底产品打造不同质感的皮肤。滋润质地的底色使皮肤质地润泽、平衡，给人自然健康感；亚光质地的底色使皮肤紧致、清爽、不油腻，有丰富的粉质感效果，给人古典感；油光质地的底色使脸部皮肤泛出自然、透明、水嫩的油光，有夏日感；闪亮质地的底色使皮肤有亮泽、细致、自然的珠光效果，给人轻盈、耀眼的时尚感。针对不同的妆型，可选择相应的底色质感，以表现更为生动的彩妆主题。

（五）掩盖脸部瑕疵

我们经常会碰到人的脸部轮廓和肤色较完美，但皮肤有色素沉淀、痣、雀斑等细小的斑点瑕疵，影响了脸部的美观，这时就可以用遮瑕产品进行特别的遮盖，使整个面部肤色变得自然、健康。选用遮瑕产品要掌握一定的技巧，可以使妆容显得更清爽。关键在于适量、轻按、涂匀。

一定注意遮瑕产品与周边皮肤要衔接好。同时注意不同的状况和不同的部位，使用不同质地的遮瑕品。

一般采取以下几种方法进行修饰：

1. 掩盖色素斑

要想掩盖色素斑不能施以太薄的粉底，因为色斑会从底色中透出来，从而呈灰褐色；也不能使用太浅或者太深的粉底，因为色斑被盖住后会变成小白点或小黑点。最好是用与底色接近的遮瑕膏，可以均匀地调和脸部色调，缩小色斑与皮肤的色差。如果色素斑在腮红的位置上，还需要适当地加些腮红颜色。

2. 掩盖眼袋

由于过度劳累或遗传等原因，下眼袋颜色偏灰暗，如果想去除也不能用加厚底色或一味的提亮方法，这些方法只能使其更显眼。正确的方法是，利用化妆色彩的修饰原理， 黑眼圈一般呈黑青色或棕色，根据对比法的法则，可选浅橙色系的产品遮盖泛青的眼圈，米黄色、浅肉色系的产品遮盖泛棕色眼圈。用质地较软的遮瑕产品轻轻地按压在眼袋的阴影处，使其改变眼袋的灰暗色，然后再选用比底色浅的粉底统一眼袋与周围面部色彩。

3. 掩盖雀斑

关键看需要什么效果的底色，浓妆时需要用遮盖力强的粉底霜将满脸打一层就可以了，快捷而效果又好；当追求薄而透明的底色时就要先涂抹一层粉底液，然后将遮瑕膏用小号笔点盖上去，再用指肚轻按，使其与周围颜色衔接好。因雀斑的位置不同，所使用的遮瑕膏也要做相应调整，如鼻梁和额头上的颜色稍浅一些，腮红位置的颜色稍红一些。也可以使用介于雀斑和皮肤之间的底色，使雀斑和肤色的颜色趋于一致，就不那么明显了。还可以突出个性的化妆法，分散注意力。把注意力引到其他的优势部位，让雀斑变得不明显。

4. 掩盖黑痣

有的演员脸上有痣，因为痣是凸出的，盖起来比较麻烦。颜色深了，它更暗，颜色浅了它更突出。所以要多调几次，将明暗、冷暖的色素色相都考虑进去。但有时它还是难以彻底掩盖，只要减弱到不引起人们注意就可以了。

第二节 底色与脸型的塑造

一、脸型的分类

脸型是指平视脸部正面时，脸部轮廓线构成的形态，脸型会随年龄和胖瘦的变化而改变。中国当代审美仍以椭圆形为标准来衡量女性理想的脸型，认为椭圆形脸最具女性特色。国字形为男性的标准脸型。但其他脸型也并非都不美，关键是与人的其他形态的和谐。比如头部与身材、脸型与五官比例等。

（一）椭圆脸型

椭圆脸型也称鹅蛋脸，被称作东方女性的标准脸型，长久以来被艺术家示为东方女性理想的脸型。女子椭圆脸型的特征是脸部宽度适中，长度与宽度之比约为四比三，从额部、面颊到下颏线条修长秀气，有古典的柔美和含蓄气质。

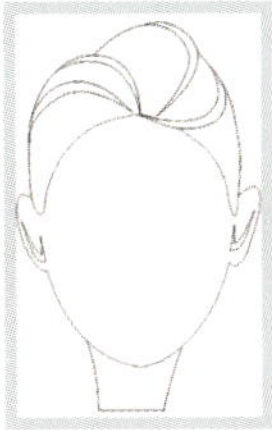

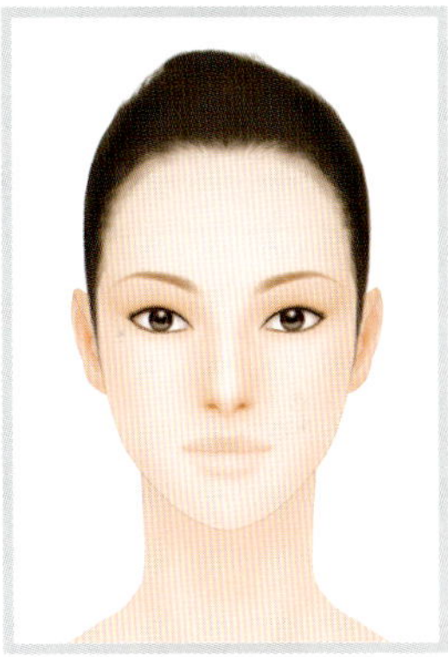

（二）圆脸型

中国人喜欢用汉字表示脸型，圆脸型也称田字脸，从正面看，外轮廓从整体上看似圆形，脸部宽度和长度比例接近，脸型短，轮廓圆润，颧骨结构不明显，少有棱角，给人可爱、青春、和气的感觉。但容易显得稚气，缺乏成熟感。

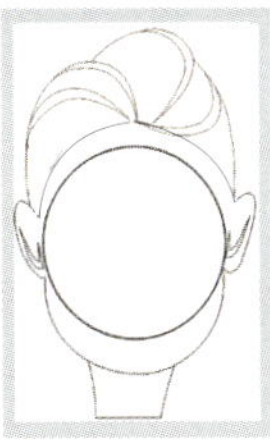

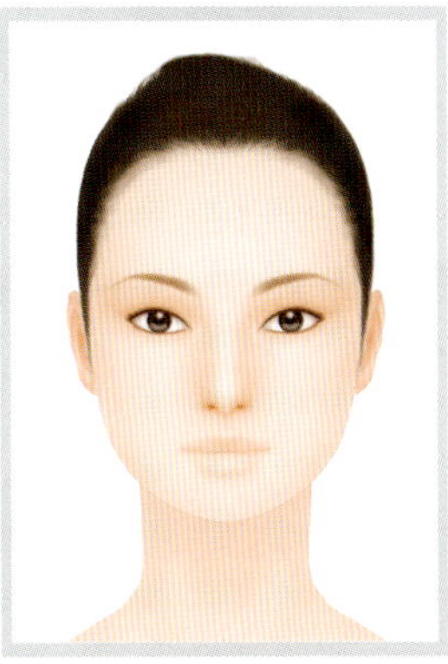

（三）长脸型

长脸型也称目字脸，从正面看，长脸型的外轮廓整体较长，额头与脸颊的宽度基本接近。给人严肃、成熟感。长脸型的人五官间距也较长。

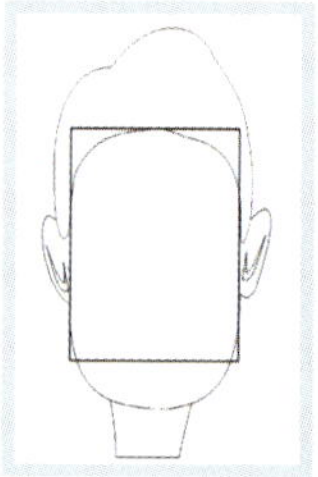

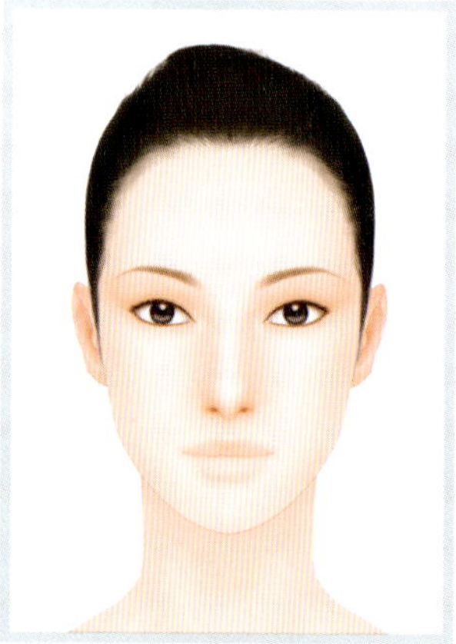

（四）方脸型

方脸型面部有宽且偏方的前额和下颌角，棱角分明，脸的长度和宽度相近。给人稳重、坚强的印象，但缺少柔美、轻盈之感。

男子国字形属长方脸型。特征是从正面看，额部与脸部方正，线条直硬，形状如国字，有阳刚之气。

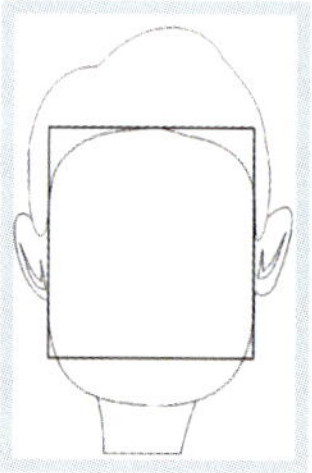

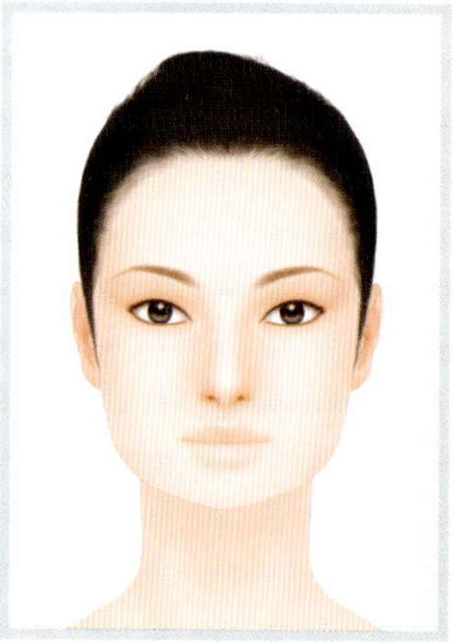

（五）正三角脸型

正三角脸型也称由字型脸，从正面看，脸部轮廓上窄下宽，有的人骨骼明显，有的人丰满圆顺。整体脸型接近正三角形。这种脸型给人安定感，但易显迟钝，感觉脸部下垂。

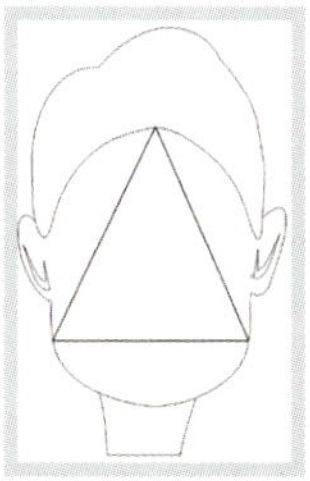

（六）倒三角脸型

倒三角脸型也称甲字型脸，从正面看，倒三角脸型与正三角脸型正相反，脸部轮廓上大下小，上宽下窄，额头宽阔，下颌较窄，轮廓清秀。给人以俏丽、聪慧、秀气的印象，但也会显得单薄、柔弱。

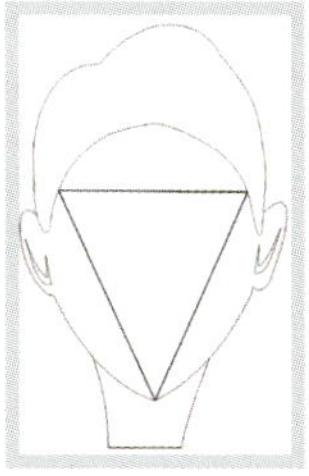

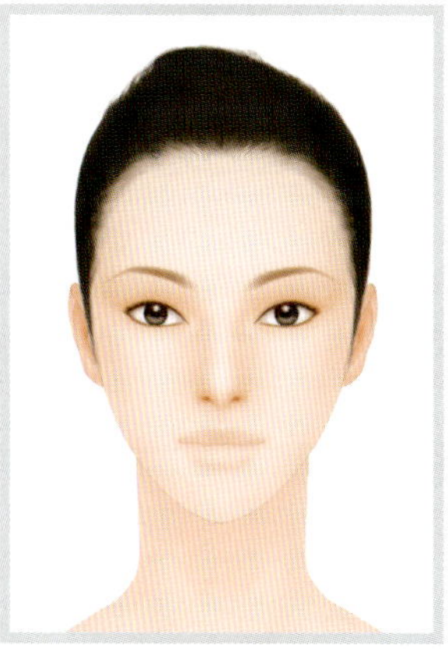

（七）菱形脸型

菱形脸型也称申字型脸，西方人称作钻石脸。从正面看，菱形脸型的人面部一般较为清瘦，额头较窄，颧骨突出，尖下颏，面部较有立体感，脸上无赘肉。容易给人留下不温和、冷淡、清高、不易接近的印象。

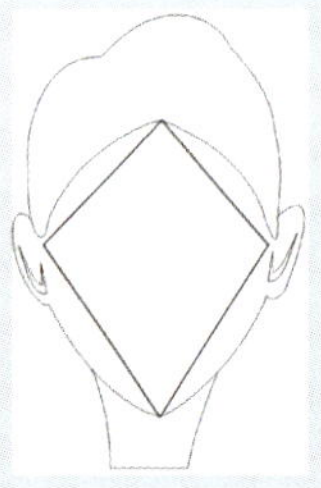

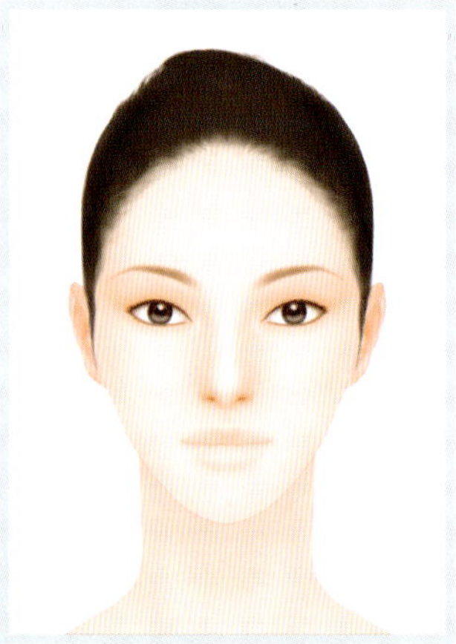

二、底色对脸型的修饰

脸型与容貌美关系十分密切，在人的整体形象中占据重要的位置，是五官表现的基础。脸型的修饰主要是对脸部的外轮廓的修饰，修饰脸型可改变人的气质。

底色对脸型的修饰主要运用绘画化妆的表现技法来塑造外轮廓。

（1）对照理想脸型，以椭圆为标准。

（2）合理利用加减法。主要通过不同深浅、冷暖底色的运用，做视觉上的加减处理，改变调整脸型问题。

还可以用发型的修饰改变脸型。对于东方女性来说，脸型修饰主要是要往标准的椭圆脸型上靠，具体的表现形式根据不同的脸型有不同的修饰技法。要能从理论上、方法上进行系统总结，不生搬硬套，注意在掌握规律性的同时要依据实际操作中因人、因妆遇见的各种复杂问题，灵活运用理论知识，这样才能在实践中得心应手。

（一）椭圆脸型

为了突出椭圆脸型这种理想脸型的秀丽轮廓，化妆宜注意保持其自然形状，突出其理想之处，不必通过化妆去改变脸型。可以在下颌及耳根部分涂上一点暗色来加强轮廓，使脸型更趋完美，对中年人也可以采取这种方法以达到收紧松弛脸颊的效果。化妆时要找出脸部最动人、最优势的部位，而后突出之，以免给人平平淡淡、毫无特点的印象。

（二）圆脸型

1. 修正方法

从视觉上对脸部进行拉长和变窄的修正。

2. 提亮部位

提亮发际线部位，以提升额头的高度；提亮下巴，以增加下巴的长度。

3. 阴影部位

阴影涂在额头两侧的颞部、鬓角线部位，以收窄额头的宽度；还有脸颊的两侧，使脸型有上扬消瘦的感觉。

4. 发型

发型可增加头发的整体高度，直发和半松造型是较好的选择。还可以直接用头发遮挡住圆形的脸部轮廓线，以产生瘦脸的视觉效果。

（三）长脸型

1. 修正方法

在视觉上对脸部进行缩短和拉宽的修正。

2. 提亮部位

提亮颧骨两侧，脸颊两侧。处理方法与圆脸相反，力求用颜色使长脸横向延伸。

3. 阴影部位

阴影涂在额头上方、发际线、下巴下方，使脸型缩短。

4. 发型

发型的外部形态需要有横向发展的视觉效果，蓬松的齐眉刘海，或类似的其他蓬松发型，以加强脸部的宽度，头部可方显短而圆润。

（四）方脸型

1. 修正方法

减少脸型四个角的坚硬感，以增加柔度。

2. 提亮部位

提亮发际线部位，以提升额头的高度；提亮下巴，以增加下巴的长度。

3.阴影部位

阴影涂在额角两侧，下颌角两侧，面部的外轮廓均晕染不同的阴影，使脸型柔和。

4. 发型

细小、松散、卷曲的发型会显得头更大；微带大波浪的头发造型较好，可打破颜面的宽阔。

（五）正三角脸型

1. 修正方法

缩短下部、拓宽上部效果。

2. 提亮部位

提亮额头两侧的颞部、鬓角线部位，以增加额头的宽度。

3. 阴影部位

阴影涂在脸颊宽大的位置，在下巴的底部与脖子的连接处晕染。

4. 发型

加强额部头发的蓬松感和高度，发尾处减少头发的数量，加强头发的垂感以起到消瘦脸型的作用。

（六）倒三角脸型

1. 修正方法

造成缩短上部、拓宽下部的效果。

2. 提亮部位

提亮脸颊两侧、下巴两侧，以缓解尖瘦的感觉。

3. 阴影部位

阴影涂在额头两侧的颞部、鬓角线部位，以收窄额头的宽度。

4. 发型

建议用侧刘海挡住一部分额头，并增加脸颊两旁的发量。

（七）菱形脸型

1. 修正方法

拉宽脸部，两旁使之饱满；削弱颧骨，使之变窄，柔和棱角。

2. 提亮部位

提亮额头两侧的颞部、鬓角线部位，以增加额头的宽度。提亮脸颊两侧、下巴两侧，以缓解尖瘦的感觉。多用浅色的粉底使轮廓变得饱满圆润。

3. 阴影部位

在颧骨两侧使用阴影色来削弱颧骨的高度，并修饰过尖的下巴。

4. 发型

前额的蓬松发型将上额两端加宽，从视觉上削弱颧骨的硬棱角，并使尖下巴变得圆润。

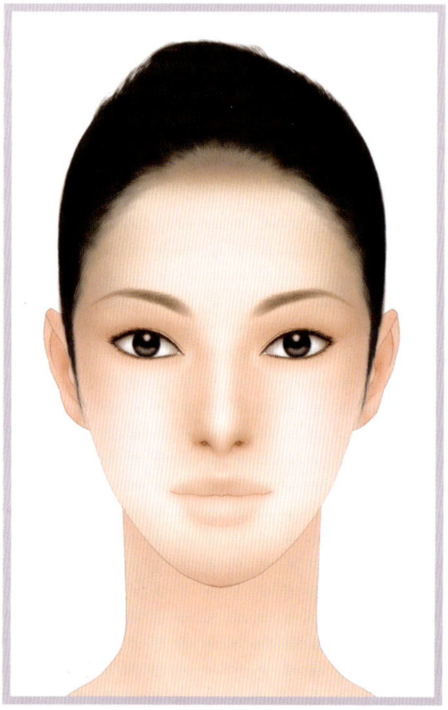

第三节　底色与结构的塑造

一、脸部结构的立体感

面部凹凸立体结构（图中阴影部分为凹凸的结构部位）同样影响着人的脸部轮廓美感。化妆是在脸上作画，其重要依据是面部的立体结构的特点。

面部的凹凸层次主要取决于面部骨骼、肌肉、脂肪层。脸部的凹凸程度与骨骼的凹凸程度不完全相同。骨骼的大小、凹凸程度不同、脂肪层厚薄程度不同以及肌肉发达程度的不同，就会使人的面部有天壤之别的差异。

（一）脸部凸出的结构部位

额部、额丘（即额中间部左右各一、呈圆丘状微凸）、眉弓、眶上缘、鼻梁、颧骨、颧丘、下颌角、下颌骨、下颏、下颏丘等。

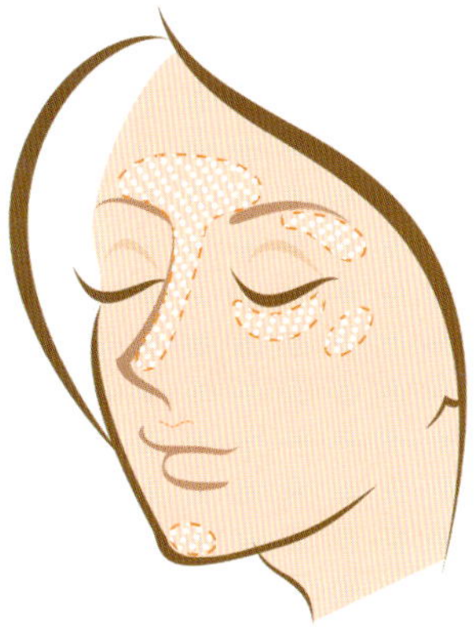

（二）脸部凹陷的结构部位

额沟（即额丘与眉弓之间的沟状浅阴影）、颞窝、眼窝（即眼球与眉骨之间的凹面）、眼球与鼻梁之间的凹面、鼻梁两侧、颧弓下陷、人中沟、颊窝、颏唇沟。

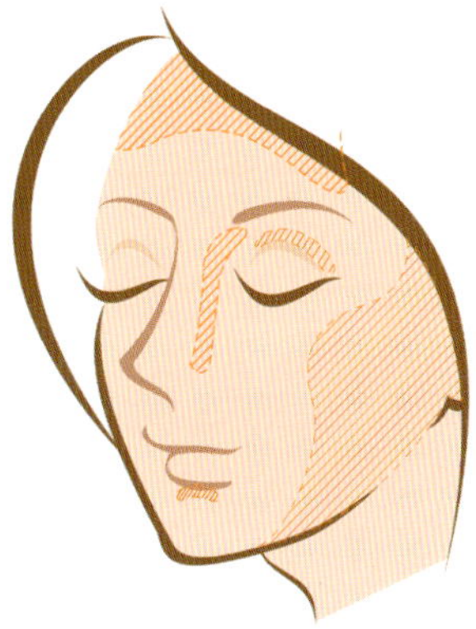

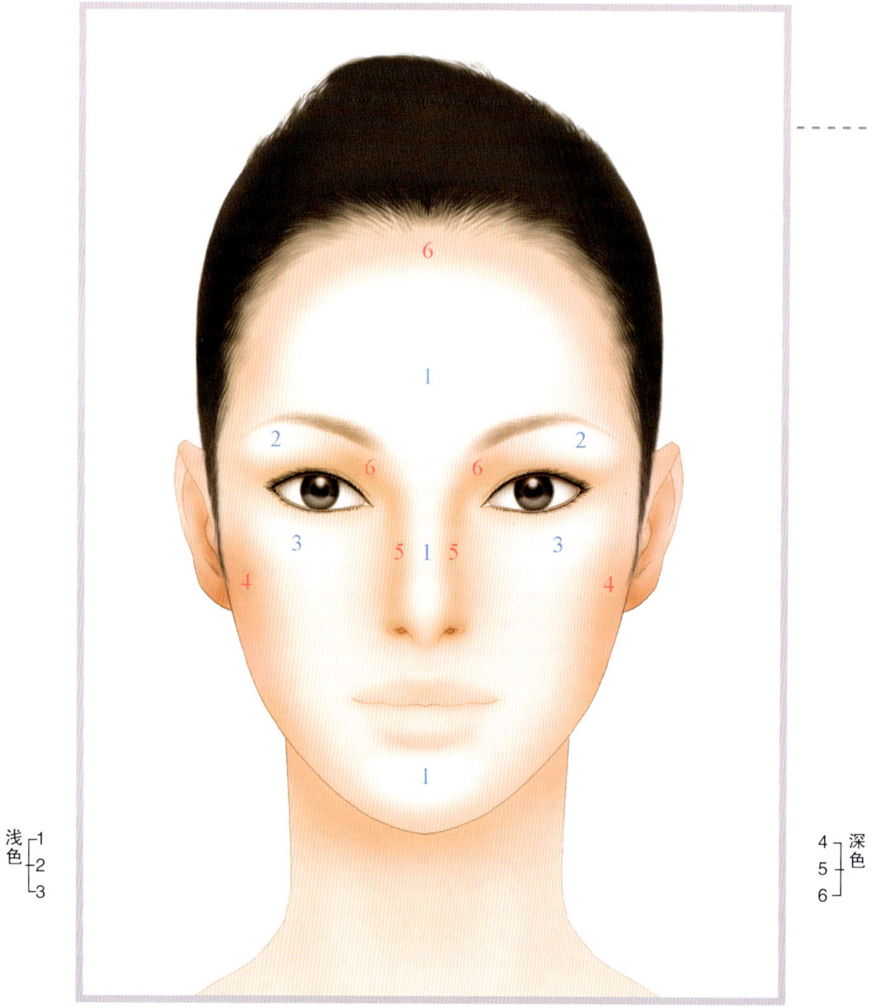

二、底色对脸部结构的修饰

（一）如何加强脸部立体感

为了更好地塑造脸部立体感，收紧脸部轮廓，可以选择深浅不同的粉底。中度深浅的粉底为基底色，最接近自然肤色。较深的粉底有收敛作用，浅色的粉底有提亮作用。一般情况下，利用深色的粉底可以收缩脸部需要缩小或凹陷的位置，用浅色的粉底则可以强化脸部突出的结构，使脸型更完美或更立体。当然，粉底颜色可依据具体情况需要做出选择。

在基底色粉底涂抹之后还要涂抹亮色和阴影色粉底，强化立体效果。脸部两侧是最深色调，基本涂在发际、脸廓和下颌边缘，用海绵轻轻涂匀，呈现自然阴影，使脸庞轮廓更显分明。鼻子两侧、眼窝等是次深色调。对脸部凹陷面的刻画要小心处理，否则会有脏感或不健康感。如眼窝过凹容易显老，所以眼影深浅因人而异。亮色调塑造脸部结构需突出凸起的轮廓和脸部T字部位（额头、鼻梁、下巴、眉骨等是最亮处）。次亮色基本在两颊颧骨上侧、眼睛下方、外眼角外侧半圆形。如此一来，强调了脸部的立体感，使双颊线条立体、生动、凹凸有致。当然，还可根据化妆对象的脸型、脸部凹凸状况做更仔细的处理。

（二）如何矫正脸部立体感

当骨骼凹凸明显、肌肉不发达、脂肪层薄，面部结构就显立体。当骨骼凹凸不明显、肌肉发达、脂肪层厚，面部结构就不立体。对于女性来讲，面部结构立体时，面容趋于欧化、成熟、个性感，但棱角过于分明，会缺少柔美感。面部结构柔和时，面容显温和、甜美，但过于不明显时，则显得不够生动，甚至有肿胀感。西方人比东方人面部结构凸显，瘦人比胖人骨感、多棱角感。男女面部的立体结构也有很大差异，一般男性面部刚毅、硬朗，女性则柔和、圆润。随着年龄的增长，人在中老年时面部结构又会因为肌肉的萎缩和松弛、皮肤的衰老而发生逐渐变化。

下面是常见脸部结构问题的底色基本用法介绍，在化妆中不可只机械照搬，而是要根据化妆对象具体的面部条件举一反三、采取相应的技术处理，也要考虑产品和工具的特点以及妆型效果等的具体要求。

1. 额颞部的矫形化妆

额部平坦，微向上突起，并柔和平稳地过渡到鼻根部，其弧度优美流畅，所形成的鼻额角为135° 左右，从额部至鼻尖形成一条柔和自然的“S”形曲线，使容貌呈现起伏有致的曲线美。颞部则以自然丰满为宜。

（1）额部后倾：显得额头很平，缺乏立体感。需要在额部加强亮色的使用，特别是额上半部要重点提亮，使额头中央地带有向前突出的视觉效果。额头连接发际线处和额头连接发鬓角部位还是要有一些阴影过渡，让额头侧面向后退一些，这样至少从正面看，额头整体会变得很有立体感。

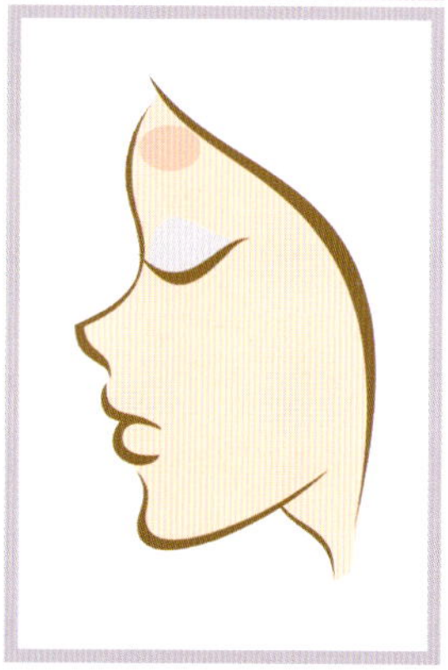

（2）额部前突：额部过于饱满外突，需要在整个额头部位用深一些的粉底上色，或涂抹深色修容粉，使额部有后退的视觉效果。眶上缘的位置，也就是紧贴眉毛上部要提亮，使其视觉上比额头更为突出。

（3）额部起伏不平：一般是额丘过突、眉弓高、额沟过凹，这样的结构较硬朗、男性化，若是女妆一般做弱化处理。需要用亮色提亮额沟，浅阴影收额丘和眉弓，但一定要注意过渡衔接自然。

（4）颞部过凹：颞部凹陷，面部棱角显露，显得苍老，失去青春活力，也会影响脸型美感。调整时，用提亮的方法使其饱满，与额部、颧骨自然衔接。

2. 颧骨部位的矫形

颧骨位于面部三分之一的两侧，是构成面部轮廓的主要框架结构，它通过与鼻、颞部和颊的关系来影响面部美。其位置和形态决定了人的脸型和容貌是否具有美感。由于东方人脸部立体感差，如果颧骨过高，会影响面部的柔和感，而加上颧弓过于突出，颞部和两颊会显得凹陷，则还会形成菱形脸，影响脸型美观。不论是颧骨突出，还是颧弓突出，都可以通过底色的修饰进行适当改善。当然，发型也是调整轮廓美的好手段。

在突出的颧骨和偏宽的颧弓部涂以阴影色。在颞部、眼下方和两颊凹陷、颧弓下陷处涂亮色、外眼角外侧向上斜涂亮色。注意过渡，有减有加地进行结构的弱化。

3. 下颏部位的矫形

下颏宜适度前突。下唇与颏之间有明显凹陷。 颏颈之间宜有明显角度。侧面看,闭口时，唇前缘位于鼻尖与下巴前缘连线以内。

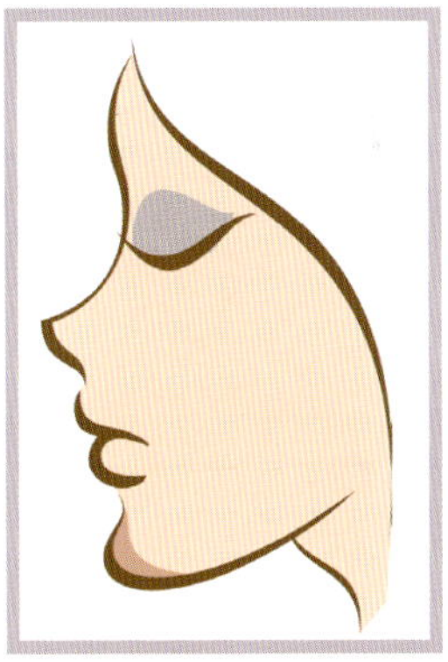

（1）下颏前倾：下颏前倾会造成嘴唇部位后缩，需要在下颏处用稍暗底色，加强下颏尖暗影，使下颏有后退的视觉效果。

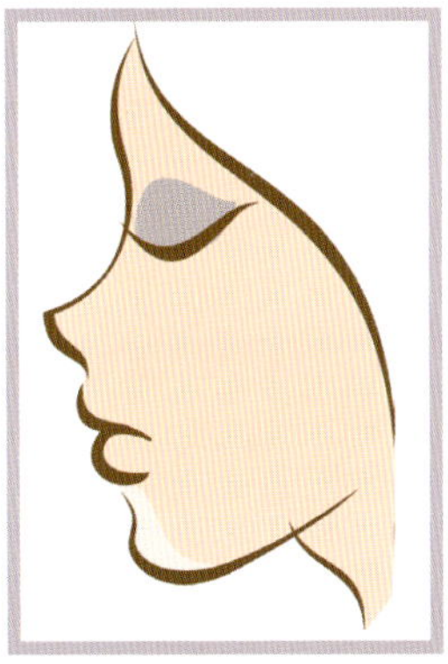

（2）下颏后倾：下颏后倾会造成嘴唇部位前突，需要在下颏加强亮色的使用，并加重颏唇沟的阴影，使下颏有向前突出的视觉效果。还需要注意嘴唇的化妆不要太突出，唇色唇形都要弱化，不要引人注意。

第三章

化妆与底色的塑造

思考与练习

1. 如何认识底色与人物创作三者之间的关系，举例说明。

2. 如何利用绘画化妆的技法来修饰脸型？

3. 在纸上进行各种脸型的修饰技法的练习。

脸型的修饰技法练习

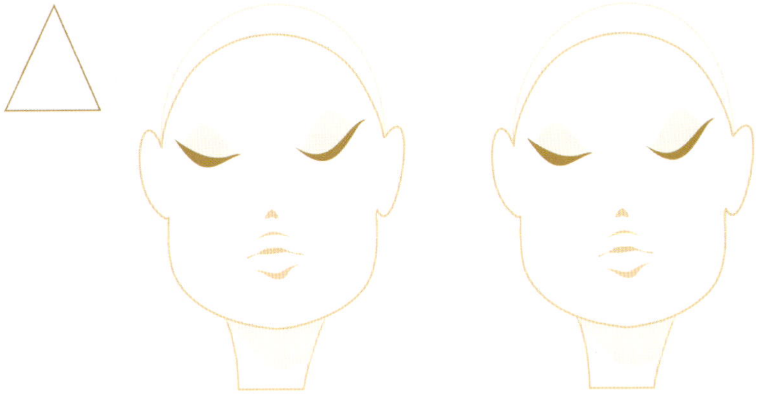

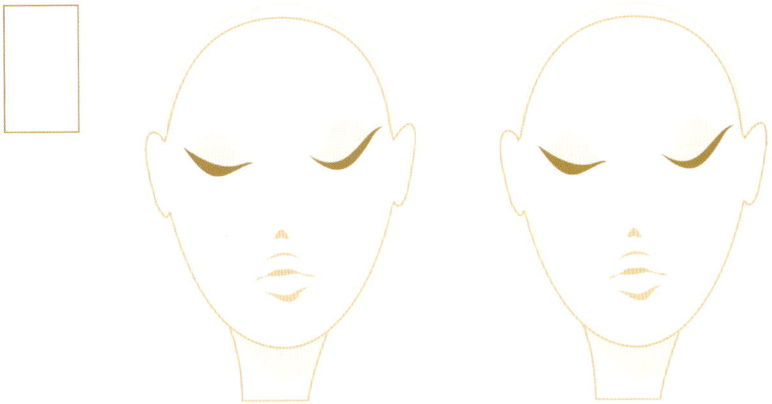

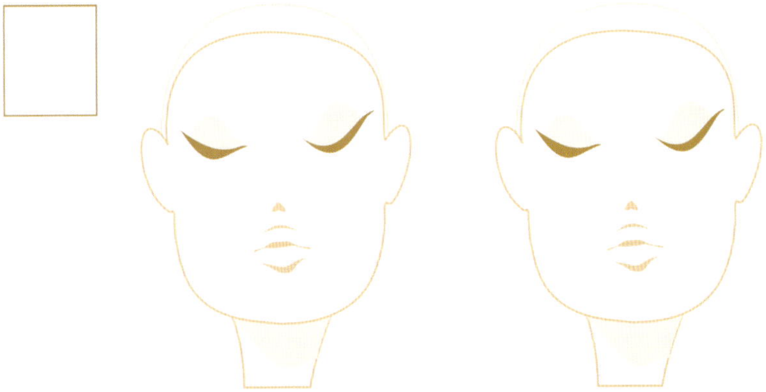

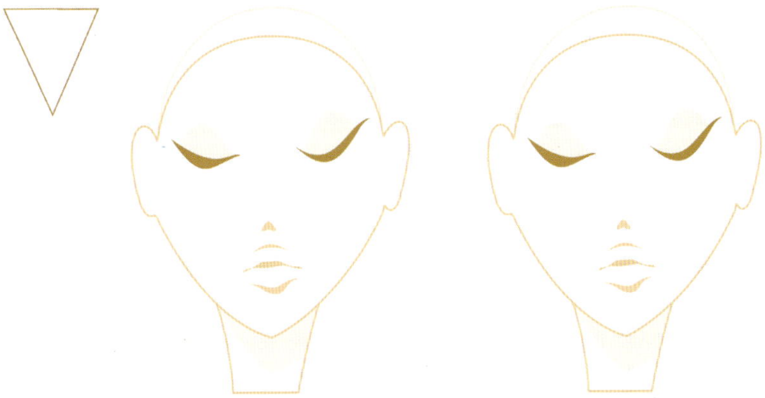

第四章

化妆与局部的塑造

课题名称： 化妆与局部的塑造

课题内容： 化妆与眼部、眉毛、鼻部、唇部、腮红、局部的协调

课题时间： 40课时

教学目的： 掌握五官的化妆技巧以及比例关系的调整技法。

教学方式： 讲述理论知识并配合多媒体教学；教师用实验来证实理论的客观性。

课前（后）准备： 五官生理结构知识及化妆材料和化妆工具。

第四章

化妆与局部的塑造

第一节　化妆与眼部的塑造

我国古典诗歌中早就有“巧笑倩兮，美目盼兮”的名句。可见眼睛在容貌美当中有多么重要的位置。眼睛的美是灵魂的美，眼睛不但居五官之首，而且是心灵之窗。

一、眼部的形态

（一）眼部的生理结构

眼睛由眼球和辅助组织构成。眼球是视觉器官的主要部分，位于眼眶内的脂肪组织中，由于脂肪组织的发达程度不同，使眼球或者陷入眼眶内，如在一般面孔消瘦的人脸上所见的那样，或者是稍微向前突出而呈饱满状。

眼球的壁有三层膜：外层是巩膜（俗称眼白），中层为血管膜，内层为视网膜。巩膜经眼裂可见，巩膜在前方变成凸而透明的角膜。位于巩膜的血管膜，在眼的前部构成经过角膜可以看到的所谓虹膜，虹膜含有染色物质——色素，色素决定着眼球的颜色。这种颜色包括天蓝色到深褐色（接近黑色），平常所说的“蓝眼珠”、“黑眼珠”、“黄眼珠”即指虹膜而言。在虹膜正中有一圆孔，称瞳孔，如照相机的光圈，可以调节进入眼内光线的多少。光线量大，瞳孔就缩小，光线量很小时，瞳孔就张大。

（二）眼部的外表形态

人的眼睛是脸部最吸引人的五官之一。眼睛的外圈是眼睑（俗称眼皮），眼睑分上眼睑与下眼睑。上眼睑以眉毛为界，下眼睑的下沿在颧骨与眼裂的中部，通常可以看到一个凹下的皱折，称为睑颊沟。眼部指的就是上至眉毛，下至睑颊沟，内至眉头鼻侧连线，外至眉梢下眼睑连线的中间部位。

上下眼睑之间的裂缝称为眼裂，也可以称作眼缝。眼裂两端，分别为眼内眦和眼外眦。眼内眦（也叫内眼角），形成一个淡粉红色的凹陷——泪阜；眼外眦（也叫外眼角），形状较尖锐。上、下眼睑的边缘各有一排睫毛，向外翘起，上睫毛长而密集，下睫毛短而稀少。睫毛不与眼球相接触，可以阻挡灰尘入眼。上、下眼裂具有一定的厚度，有些人眼睛一睁大，就会看到上下睫毛内有一圈白线，称其为内眼线，这样的眼睛叫内眼线外露。

上眼睑有一道褶皱线，称为双眼皮褶皱线，这道线一般越靠近内眼角越窄，甚至与内眼角重合，越靠近内眼角越宽。从内眼角至外眼角所形成的一条直线，叫“眼轴线”。

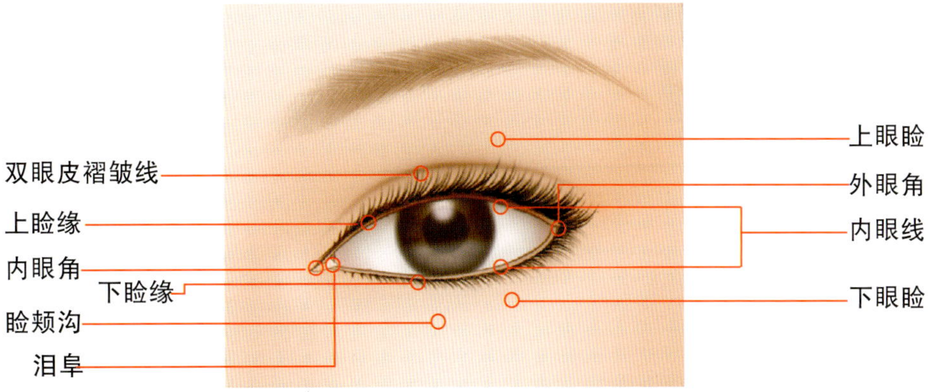

第四章
化妆与局部的塑造

1. 单眼皮

上眼睑处没有双眼皮褶皱线，或者双眼皮褶皱线太窄，眼睛闭合时是双眼皮，张开后就成了单眼皮，这类眼睛一般都称作单眼皮。 单眼皮的上眼睑一般都皮肤较紧，或者有些浮肿，显得眼睛比较小，东方人这种眼睛形态比较多。

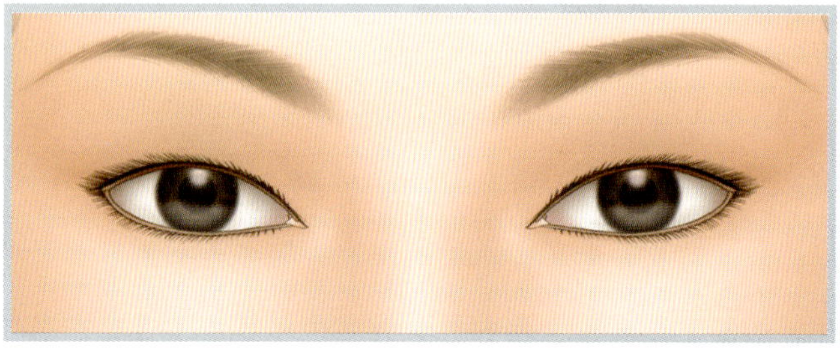

2. 双眼皮

上眼睑处的双眼皮褶皱线明显的眼睛统称为双眼皮，分为内双眼皮和外双眼皮两种。内双眼皮的双眼皮比较窄，双眼皮褶皱线前半段不太明显，睁大眼睛基本与上眼线重叠。外双眼皮的双眼皮褶皱线都明显，双眼皮比较宽。

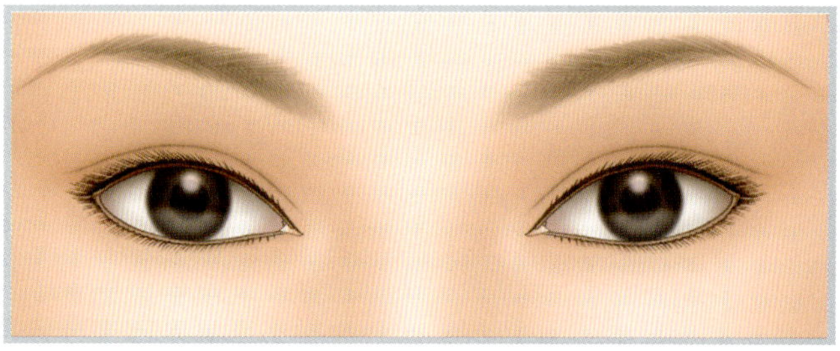

3. 长眼

长眼是指上眼裂呈现出半月状，弧度小，眼裂较长，但是很窄，眼睛显得细长，俗称眯缝眼。

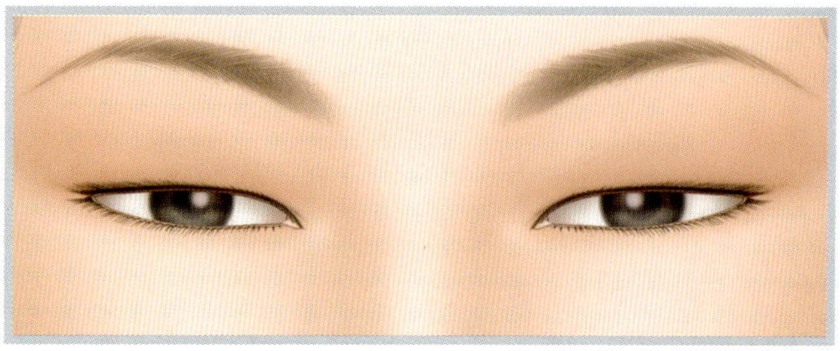

4. 圆眼

圆眼是指上眼裂呈明显的圆弧形，眼裂很宽，使眼睛显圆，如果内眼角再不明显的话就是俗称的杏仁眼。

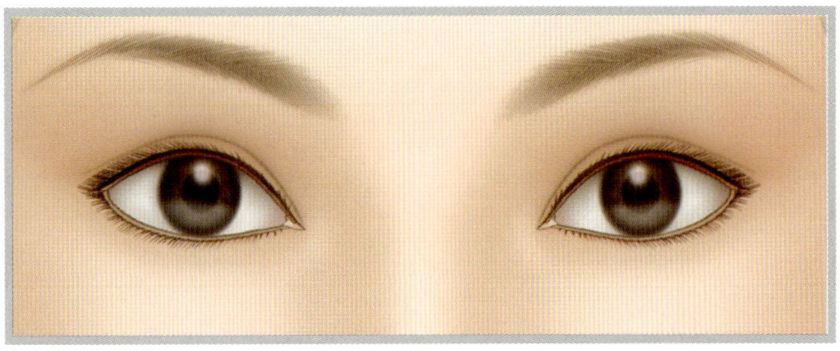

5. 吊眼

东方人一般眼轴线略向上倾斜，但是如果眼轴线的倾斜度过高，就形成了外眼角明显高于内眼角的形态就称为吊眼，俗称丹凤眼。

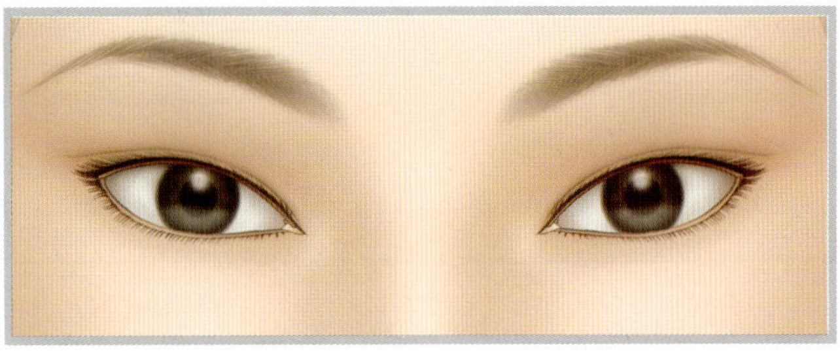

6. 垂眼

内眼角明显高于外眼角，眼轴线的倾斜向下，外形特征与吊眼相反，称为垂眼。这种眼型除了遗传因素之外，由于年龄的增长，上眼睑皮肤松弛，在外眼角部分遮盖了原来眼睛的上眼睑边缘，形成了外眼角下垂的眼型。

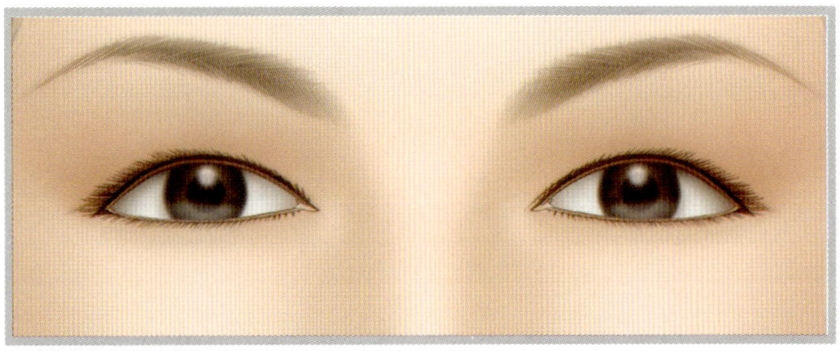

第四章

化妆与局部的塑造

二、眼部的修饰技法

（一）眼线的修饰

眼线的修饰如图所示。

1. 眼线色

画眼线的目的是为了让眼睛边缘清晰，加强与眼白的明暗对比效果，增加眼睛的光彩和亮度。所以画眼线时一般多用深色的眼线，如黑色、褐色、深棕色等。需要特殊效果时还会用到彩色的眼线，甚至荧光的眼线。需要眼白更加清澈，会在下眼睑边缘内侧画上白色或浅蓝色的内眼线。

2. 眼线位置

通常是在眼睑边缘的位置。在描画眼线时，眼线的长短、粗细要从实际需要出发，如无需矫正眼型，只要沿着睫毛根部描画即可。如需改变眼型或扩大眼型，则可能抛弃原来的眼睑边缘，重新描画眼睛形状。

常规眼线

拉长眼线

夸张眼线

（二）眼影的修饰

1. 眼影的色彩

化妆时涂于眼睛周围的颜色，作为眼部的修饰，主要是强调眼部的结构，增加眼睛的神采个性，并且可以改善、修饰眼型，丰富面部色彩的作用。眼影色彩的选择与其他艺术设计中的色彩选择有所不同，其通常与人物角色环境、身份、情境、肤色、服装色彩等分不开。眼影色有阴影色、亮色、强调色、装饰色等。

（1）阴影色：在希望显得凹陷的部位涂用的眼影色属于阴影色。阴影色的颜色有暗灰、深褐、深蓝、深蓝灰、紫灰、深棕等。

（2）亮色：希望眼部某个局部显高、突出、丰润而涂用的眼影色属于亮色。白色、淡粉色、灰白色、米色、浅黄色、加荧光的颜色属于亮色。

（3）强调色：阴影色、亮色及任何颜色都可以成为强调色。涂强调色的目的就是为了突出某个部位，使之成为引人注目的焦点。强调色的运用，关键在于色彩的比例搭配。如果几种颜色同时使用，明暗度、面积基本相等，就很难分辨什么是强调色。若在紫色眼影的铺垫下，在双眼睑中涂上一点金色眼影，这无疑是加强眼睛魅力的强调色。

（4）装饰色：现代化妆重视色彩的运用，并不仅仅为矫形而造型，那些为了装饰而运用的色彩属于装饰色。体现个性，追求时尚。

2. 眼影的修饰技法

（1）平涂法：指的是均匀、没有层次的在眼部涂抹眼影色。平涂法分为单色平涂和多色平涂两种。操作简单，使用高明度的色彩，质地细腻有光泽，给人自然清新的活力感。而鲜亮的色彩平涂时显得装饰意味浓，眼影边缘处理不当时会显得死板不自然。

（2）晕染法：由较深的眼影颜色渐渐晕染过渡至较浅的眼影颜色，这种眼影修饰技法称为晕染法。它讲究在眼影修饰时体现立体的素描关系，使整个眼部呈现层次分明的明暗过渡效果，显得丰富多彩。晕染法分为横向晕染和纵向晕染两种。流行的烟熏妆也属于晕染法。

（3）结构法：结构法是突出眼部立体结构的眼影修饰方式，常用于需要特别强调眼部的化妆时。犹如把上眼睑当成一张白纸，利用绘画中的明暗对比关系，刻画出立体的眼部结构。结构法分为倒勾法和假双法两种。倒勾法强调的是眼窝结构，假双法强调的是双眼皮结构。

平涂法

烟熏妆

纵向晕染

横向晕染

假双法

倒勾法

3. 眼影的色彩组合

眼影色彩的丰富有助于眼部的美化，但如运用得不恰当，反而会破坏整体的化妆效果。常用的眼影色搭配有四种：

（1）类似色组合：相同色系内的眼影颜色组合，主要是深浅的颜色运用，表现色彩明度的对比，如墨绿加草绿、黄色配金色等。

（2）相近色组合：相近色系的眼影颜色组合，可以避免同色系眼影搭配产生的单调感，如蓝色配紫色，黄色配橙色等。

（3）互补色组合：互补色系的眼影颜色组合，主要是冷暖色彩的运用，如橙色配蓝色、紫色配黄色等。

（4）多色组合：在用多色眼影化眼妆时，一定要注意从整体效果出发。注意以下几点：

1 主色调的选择：颜色再多，应该有一个主色调，加上其他的颜色。

2 面积的对比：多种颜色的眼影组合在一起，若是每一种颜色的面积大小相等，就容易形成视觉上的散乱感觉。所以，主色调的颜色面积要大一些，其他色彩的面积作为陪衬与点缀。

3 明度的对比：多种颜色的眼影本身要有明度的对比，才能表现出眼部的主体结构。

（三）睫毛的修饰

1. 真睫毛的修饰

俏丽浓密的睫毛不但会使眼睛更加有神，也会为女性增添几分妩媚。睫毛并不是说越长越浓密就会越好看，有时过长过密的睫毛会遮挡住进入瞳孔的光线，使眼睛空洞无神。先要做的是用睫毛夹使睫毛自然卷翘起来，然后根据需要刷上各种睫毛膏。

2. 假睫毛的运用

当真睫毛的修饰还是达不到我们所需的艺术效果时，就需要运用假睫毛了。假睫毛有很多种类，既可以整个地使用，也可以剪断使用，既可以只用后半段，也可以只用中间部位。方法步骤如下：

（1）修剪假睫毛。根据眼睛形状的需要，一般假睫毛的长度比眼睛的睫毛长度长些，整根假睫毛一头短、一头长，一副假睫毛要修剪得左右对称。

（2）将真实的睫毛先夹弯，然后用睫毛膏刷饰。在修剪好的假睫毛底部缝线上涂上化妆黏合剂，注意不要碰到睫毛。

（3）将假睫毛紧贴着睫毛根部粘上，或者粘贴在修饰过的眼线中间部位。注意一般睫毛短的一端粘贴在内眼角处，较长的一端粘在外眼角处。粘贴时从内眼角处到外眼角处粘贴。

（4）待化妆黏合剂完全干后，用睫毛膏在假睫毛的里侧向上涂，使真假睫毛黏合在一起，这样更具有真实感。否则，侧面看可能会形成两层睫毛的效果。

（5）根据表演的需要，可以使用各种不同形状、不同色彩的夸张假睫毛。

（四）使用美目贴的注意事项

美目贴是一种专门用来粘贴眼睑的半透明胶带，一面自带粘胶。用美目贴改变眼型，是依靠贴在上眼睑的硬质薄膜，将眼皮向上推挤，形成褶皱，以此来扩大双眼皮的宽度，改变眼部形态。美目贴最好是在化妆前进行粘贴，这时皮肤还没有上底色，黏合剂接触皮肤会比较牢固，如果是在上完底色后粘贴，眼皮出油出汗会容易脱妆，需要另外使用黏合剂加固。粘贴时需要依据不同类型的眼睛而针对眼皮的不同位置。

1. 美目贴的使用情况

（1）眼皮薄并且有些松弛的人，用美目贴粘贴双眼皮的成功率大、效果好。

（2）本来是双眼皮，但褶纹不深或眼型不理想，用美目贴加深双眼皮褶皱或加大双眼皮，可以达到比较理想的效果。

（3）眼睛一单一双，或一个内双一个外双，可用美目贴将单眼皮粘贴成双眼皮效果，或内双粘贴成外双效果，使眼睛基本对称。

（4）眼睑上有好几层褶皱，用美目贴粘贴后，可以除去多余的褶皱，形成清晰的双眼皮效果。

（5）上眼皮松弛或外眼角下垂，可以用美目贴改变眼型，将松弛的眼皮提起来，使眼睛显得年轻、精神、黑白分明。

（6）过紧的眼皮，特别是肿眼皮，由于没有形成眼皮褶皱的余地，粘贴成功率较低。在这种情况下，不要指望用美目贴把单眼皮改变成大双眼皮，最多变成内双。

（7）在影视化妆中，要使用特制的细纱粘贴眼睛，美目贴会反光而在镜头中穿帮。

下垂眼睛的美目贴修饰方法

单眼皮眼睛的美目贴修饰方法

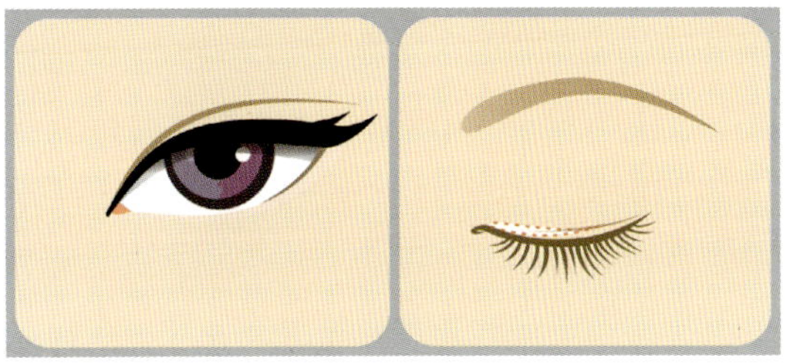

上吊眼睛的美目贴修饰方法

2. 美目贴的粘贴技法

（1）对着镜子查看上眼睑，用一根小发夹或牙签，在上眼睑边缘上方推顶眼皮，看是否能形成褶皱，能形成褶皱的，粘贴美目贴容易成型。如果仅仅能起很浅的褶皱，粘贴就比较困难，一般只能贴成内双。用这样的方法确定粘贴的美目贴的形状、长度、宽度。

（2）使用美工刀和弯头小剪刀，按刚才确定好的形状、长度、宽度，修剪出所需要的美目贴。

（3）粘贴时化妆对象闭上眼睛，用手指轻轻将上眼皮往上推，在刚才试验的位置贴上美目贴，然后将推上去的眼皮放下，这样就形成了双眼皮。

（4）为避免美目贴产生反光，可以在贴好的美目贴上轻拍上一些粉，或者涂上眼影色，这样就可以使粘成的双眼皮既自然又漂亮。

（五）各种眼型的修饰

1. 单眼皮的修饰

单眼皮本身并没有好看难看之分，关键是看脸部五官的整体比例，如果希望改变单眼皮的形象，有以下几种方法。

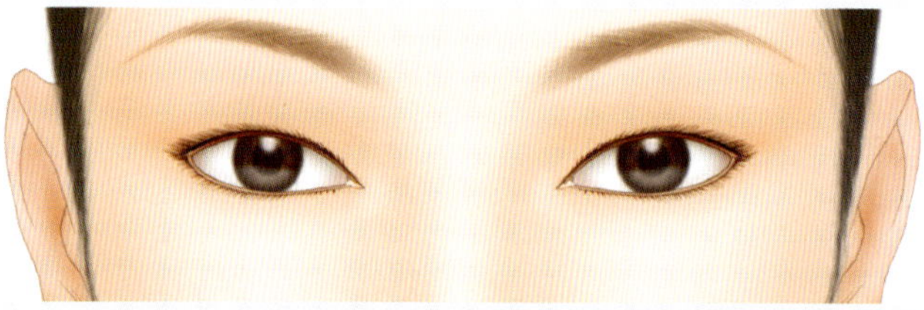

（1）如果眼皮较松、较薄，能贴美目贴修饰成双眼皮最好，特别是一些上眼睑边缘被遮挡住的眼睛，贴上美目贴后尽管还是单眼皮，上眼睑边缘轮廓出来了，才能有地方画上眼线，可以使眼睛变得有神。

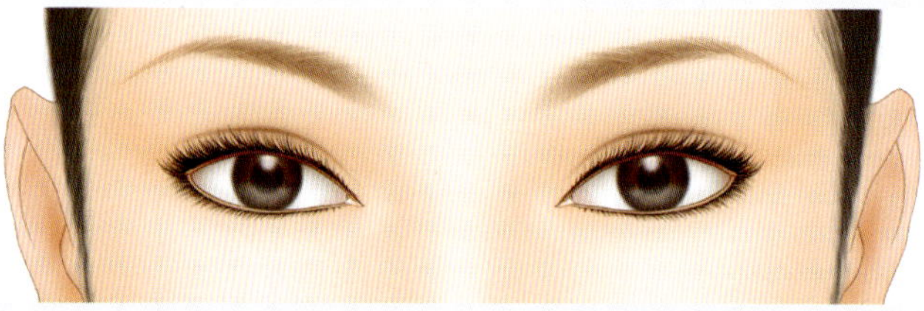

（2）加宽眼睑边缘的厚度，在上下眼睑的边缘画上略粗的眼线，并且紧贴眼线涂上深色眼影，可以使眼睛的轮廓显得大而丰富。

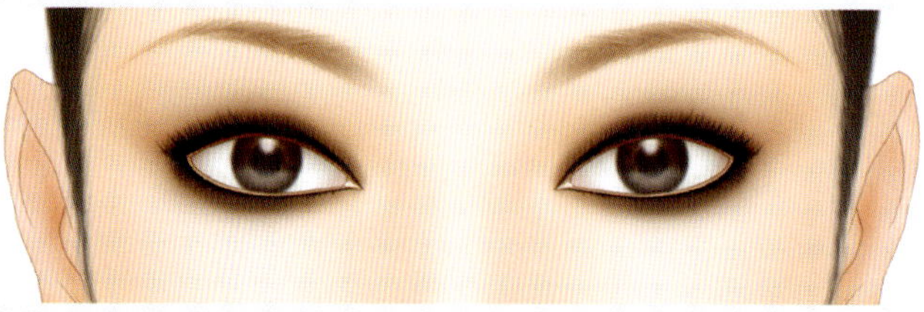

（3）适当增加眼裂的长度，上下眼线在外眼角处顺势略作延长，逐渐消失。

（4）在内双皱褶内涂深色眼影，然后用晕染法逐渐向上过渡。

（5）可以用睫毛液或假睫毛，增加眼睛的立体感。

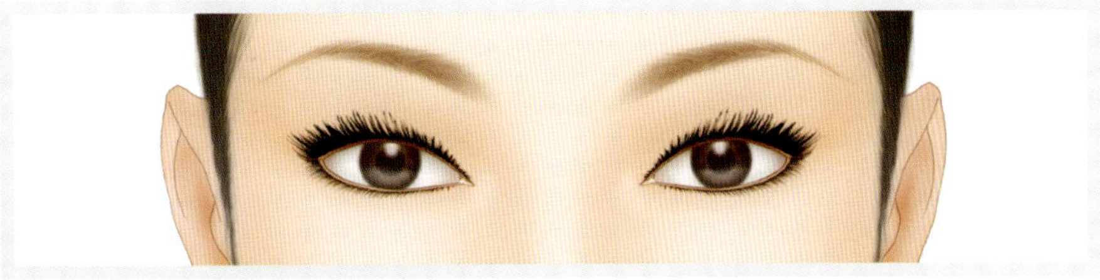

2. 长眼睛的修饰

长眼睛有时很迷人，有独特的美感。不要盲目地去画大，那样会很不自然；如果需要改变细长眼睛，可以用以下几种方法。

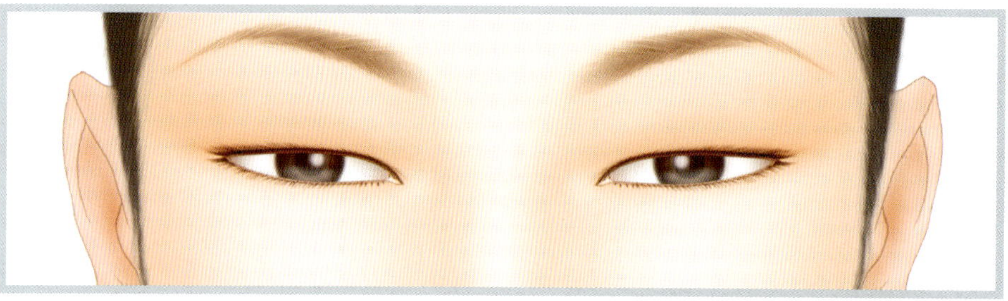

（1）强调眼睑的边缘线，即用画眼线的方法使眼裂放宽。但是如果长眼睛是内双的话，则可用美目贴把双眼皮先贴宽一些，便于画上眼线。上眼线选用深色系，从眼头到眼尾画满，并在眼球的位置，即上眼线中央部位加粗，眼尾处眼线千万不要延伸，可在不到外眼角处稍稍起翘。下眼线外眼角处加粗，并用浅色画内眼线。下眼线不必与上眼线会合，以免使眼睛框得很死板。

（2）从上眼睑边缘开始涂深色眼影，慢慢向眉毛处过渡。眉毛不要描得太粗或者太深，也不要与上眼线的弧度一致，这会使得眼睛在与眉毛的对比之下显得更加小而细长。眉毛作为眼睛的陪衬，可修饰得纤细、自然些。

（3）可以贴上一副假睫毛，使眼睛看上去显得大而亮。但是注意千万不可再贴斜向的假睫毛，那样会使眼睛显得更长。

3. 圆眼睛的修饰

圆眼睛给人清纯、机灵的感觉，但有时也会显得不够成熟，若能拉长一些，则会更加吸引人。

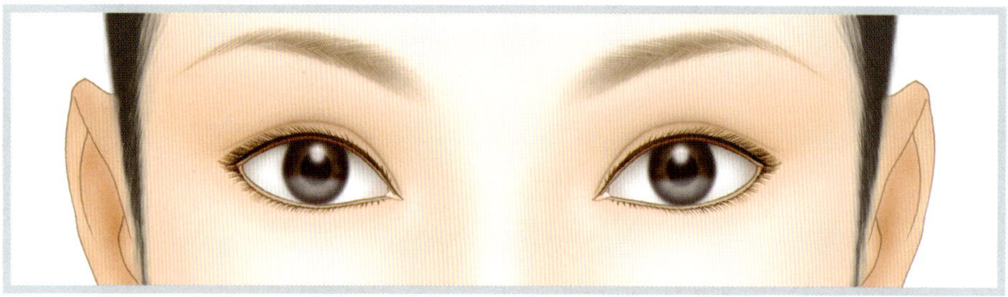

（1）用眼线适当修饰延长内外眼角的长度，瞳孔上方的眼线保持原有的宽度，瞳孔外侧至外眼角眼线逐渐加宽延长，眼线的尾部略微向上挑。要把握好分寸，拉得太长会显得太假。一是用深色眼线笔沿上眼睑轮廓边缘向前下方延伸，二是需要一个尖的转折和原来的内眼角下眼睑轮廓边缘相接。

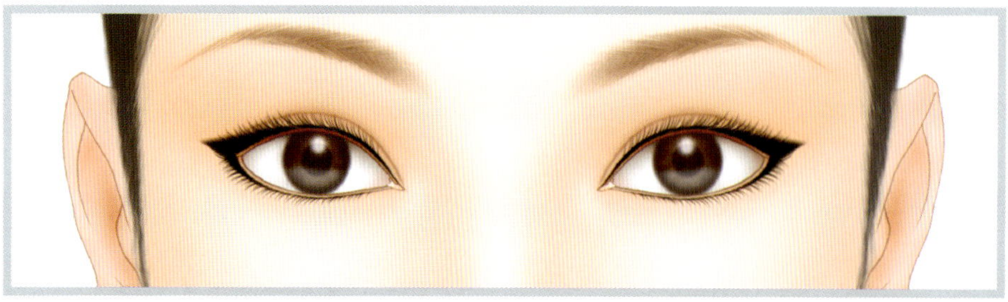

（2）内眼角和外眼角处的眼影最深，适合横向的眼影晕染法，拉长眼型。眉毛不宜描得太弯，适合带些棱角的眉型，眉峰位置也不适合在瞳孔上方，建议往后移一些。

（3）适合贴斜向的假睫毛，那样会使眼睛显得长一些。

4. 吊眼的修饰

吊眼外眼角略向上，能使人显得精神、有特点，而且很东方。但有时也容易给人厉害的感觉，如果想要缓和一些，需要用化妆技法来加以改变。在化妆之前，首先要从整体上观察，看是改变内眼角有利，还是改变外眼角有利，或是由两个部位配合改变。

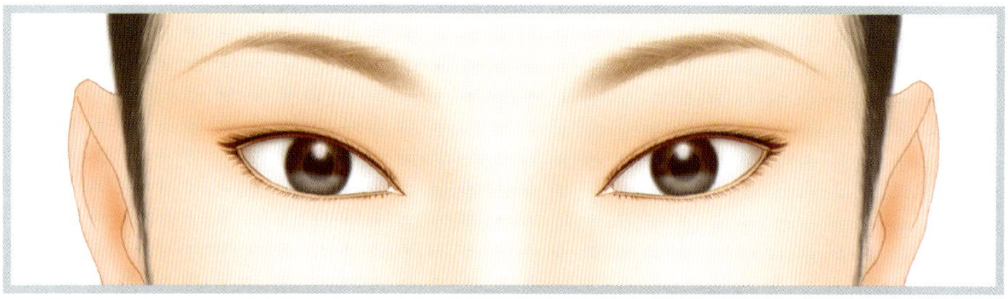

（1）如果吊眼是严重的内双时，会没有地方画内眼角处的上眼线，需要修剪一条前粗后细的美目贴，先把内双眼皮贴成外双眼皮，再画上眼线。

（2）画上眼线时，加宽内眼角处的眼线，至眼睛中间逐渐变细，到外眼角时向下拉。画下眼线时，从外眼角睫毛根部起由粗变细，渐渐往内眼角方向，收在瞳孔下方。

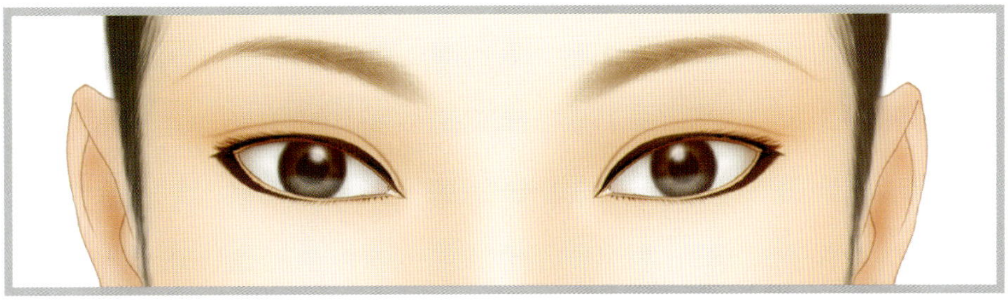

（3）加重内眼角上方的眼影，适合横向的眼影晕染法，至外眼角处向下晕染。

（4）用睫毛液多次刷染内眼角及眼睛中间部位的睫毛，加强内眼角部位黑白对比的立体感。

5. 垂眼的修饰

眼睛下垂得太厉害会使人觉得衰老、无精打采。在化妆中，要注意眼角下垂的眼睛，可以用以下方法。

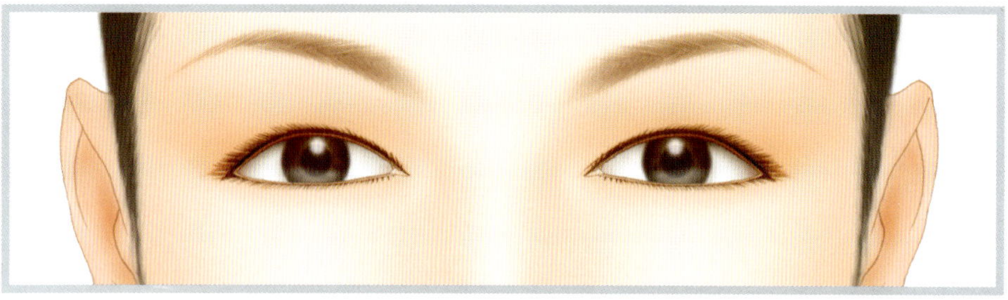

（1）垂眼如果是双眼皮，而且是前宽后窄的双眼皮，双眼皮褶皱线向下。需要修剪一条前细后粗的美目贴，先把双眼皮贴得平缓些，改变眼睛的形态。如果眼皮特别松弛挡住了外眼角，就先用美目贴将外眼角下挂的眼皮撑起来。

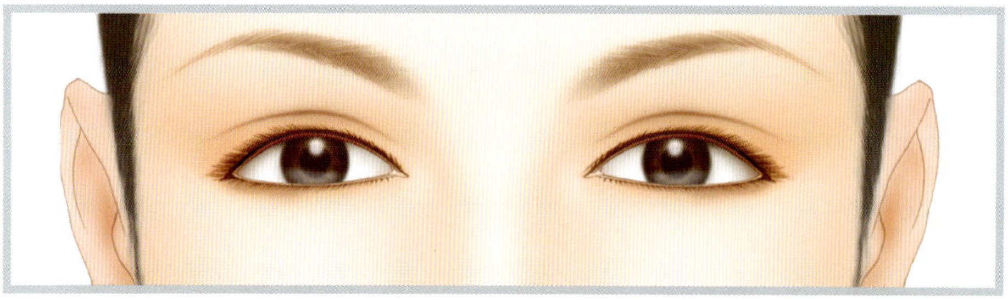

（2）垂眼不仅是本身的眼睛轮廓下垂，还有外眼角的皮肤延伸处有深色的阴影凹陷。所以必须先用亮色的粉底或遮瑕膏提亮发暗下垂的外眼角延伸线。再用眼线笔在上眼睑边缘画一条前细后粗的眼线，到外眼角处自然地向上挑。下眼线从中间部位开始描画，沿着下睫毛根部向外眼角延伸，并与上眼睑的眼线自然会合，形成新的外眼角。

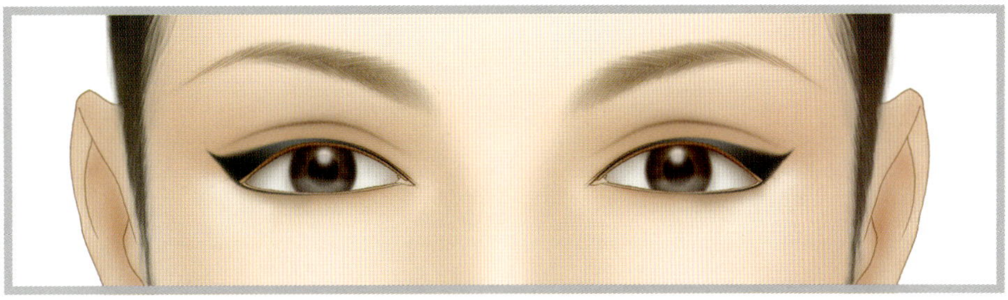

（3）上眼线在外眼角处向上挑起后，使原来的眼睑缘与新画的眼线之间形成了一个角度，在这个角度内涂上浅色眼影可以衬托出上眼线，使外眼角明显抬高。在新画的上眼线上方涂深色眼影，使眼线与眼影融合在一起，新的外眼角便更具真实感。

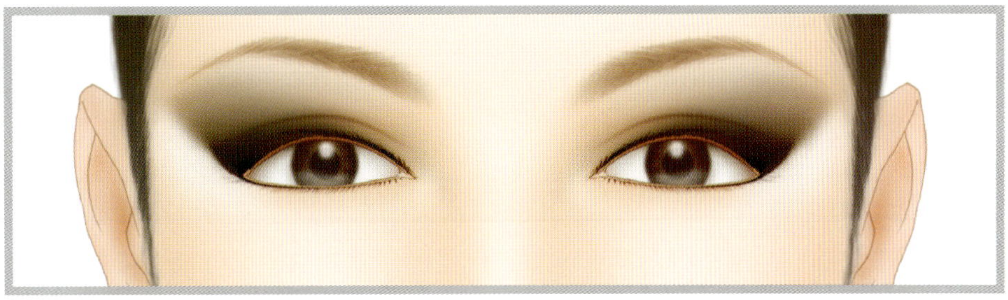

（4）用睫毛夹将外眼角部位的睫毛夹卷成形，然后涂刷睫毛膏。向上翘立的浓黑睫毛，除了能使往下挂的眼角有所改观外，还能在一定程度上遮盖上眼睑的化妆痕迹。如果粘贴假睫毛的话，注意千万不可再贴斜向的假睫毛，那样会使眼睛看上去更加下垂。

6.凹陷眼的修饰

由于眼睑部皮下脂肪薄，使眶上缘明显突出，眼窝出现凹陷的结构。这样的眼睛显得老气，特别是在东方人的脸上。

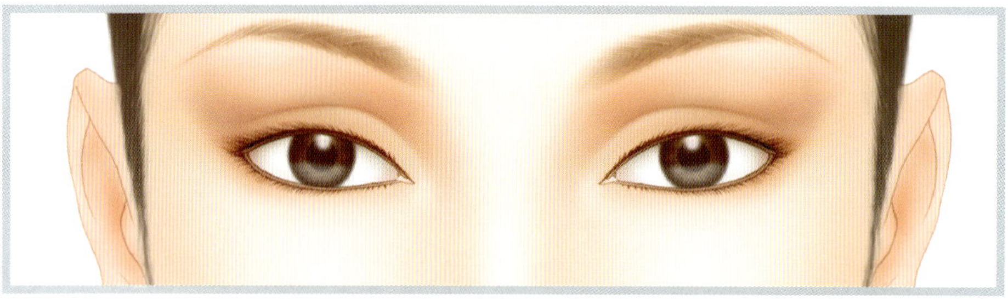

（1）欲使眼睛显得丰满，首先要用色彩来调整结构。在凹陷的眼窝处涂浅红色眼影或浅色珠光眼影，由于暖色和亮色具有扩张感，会使凹的部位显丰满。但不要将这种浅亮色眼影涂在眶上缘，而应减弱这个部位的明亮度，使眼窝和眼眶的明暗反差消失，产生丰润的感觉。

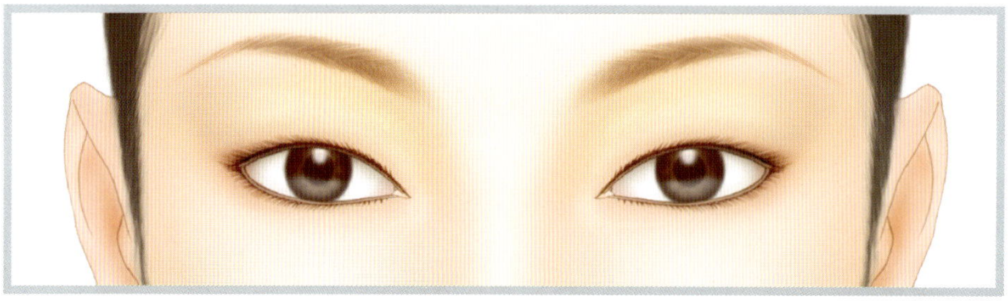

（2）凹陷眼型的眼线不宜过细，内眼角与眼尾处眼线偏淡，整个眼线的色彩最好由深浅两种颜色组成，靠近睫毛根部用黑色，黑色的上面用咖啡色晕染过渡，形成一条饱满自然有立体感的眼线。眉毛和眼睛的化妆，应配合色彩的运用效果，眉头及内眼角不要描画得太深，鼻侧影也不宜涂深色，这样可使眼窝部位的色彩反差减弱，显得柔和饱满一些。

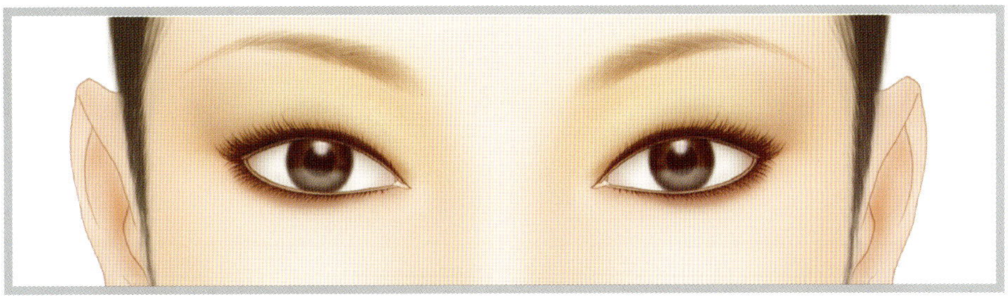

（3）勾画平行四边形的眼睛轮廓，配上凹陷的眼窝结构，干脆欧化整个眼部结构，当然要配上立体感强的脸部结构，整个人就协调了，这适合年轻人。

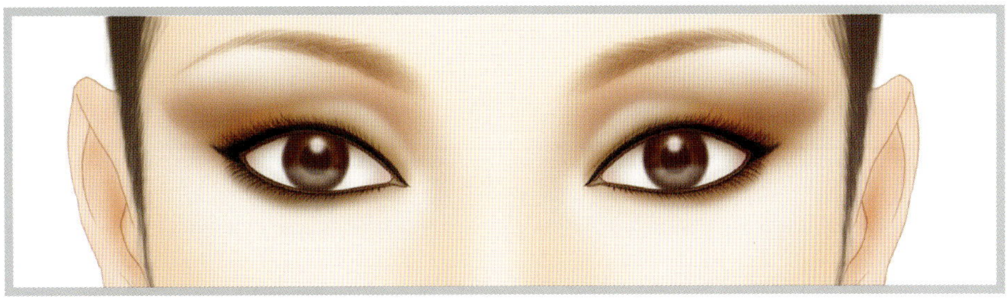

（4）加强睫毛的立体感，浓密的睫毛也会使人的注意力转移到眼睛本身的轮廓上去，而不去注意凹陷的眼窝。

7. 肿眼泡的修饰

上眼睑的皮下脂肪过于丰满，俗称肿眼泡。由于上眼睑的鼓突，使得眉弓、鼻梁、眼窝之间的立体感减弱，也影响眼睛的美感。要改变肿眼睛的形象，可以将眼下方、眶上缘、眉弓、外眼角外侧用提亮色提亮，还可以用下面几种化妆技法来修整。

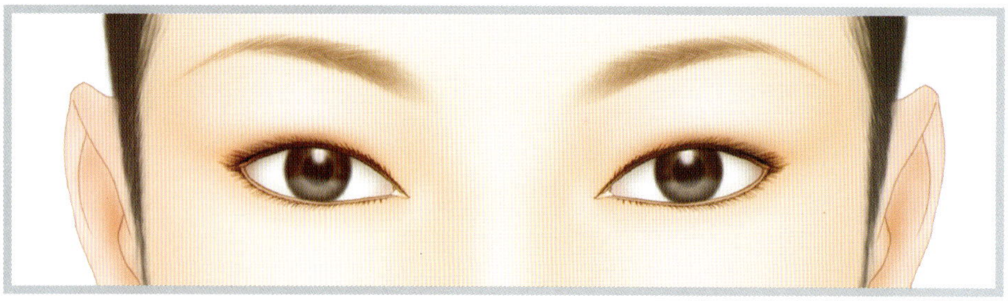

（1）重点刻画眼线，用眼睛的明亮神采来减弱眼睑浮肿的印象。

（2）用冷灰色调涂于上眼睑浮肿处，如蓝灰、紫灰、绿灰等色。冷色和纯度低的灰色在视觉感受上有收缩、后退的效果。用提亮色眼影涂于外眼角和眉梢的连线位置，因为肿眼泡在这个位置会有自然的阴影，必须弱化它。

（3）避免弧度较大的眉型，那样会加重肿眼泡的效果，适合带些棱角的眉毛。睫毛自然柔和，避免太过加强睫毛的立体感，那样也会带动整个眼部向前突起。

第四章
化妆与局部的塑造

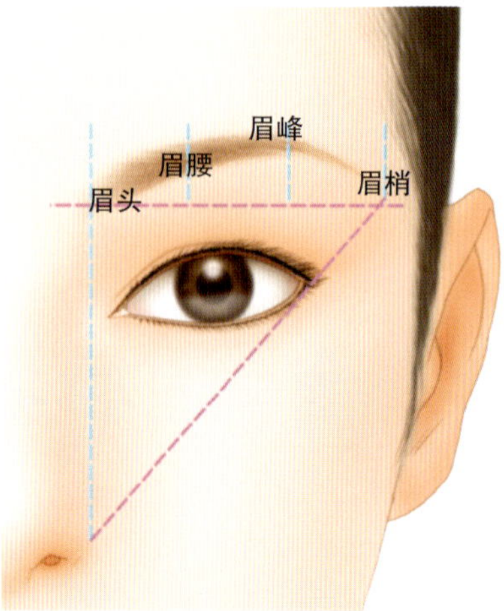

第二节　化妆与眉毛的塑造

眉毛，古人称为“七情之虹”，眉毛在面部审美中的重要性可见一斑。我们在化妆中无法完全改变脸型、眼睛、嘴唇等部位，但是我们完全可以重新塑造眉毛。

一、眉毛的形态

（一）眉毛的生理结构

眉毛自眼眶的内上角，沿着眶上缘至外上角止。眉的内端称为眉头，外端称为眉尾或眉梢，眉毛近于直线状，略成弧线状，弧线的最高点称作眉峰，眉头至眉峰中间的部分为眉腰，大多数人的眉腰在整根眉毛中的色彩最深。

眉毛的自然生长方向一般是：眉头部分扇形生长，眉腰部分斜向上方生长，眉峰部分上半部斜向外下方生长、下半部斜向外上方生长，眉梢部分斜向外下方生长。眉毛的高低、粗细、颜色的深浅，眉峰的明显程度与形状等都因人而异，因年龄、性别等因素而有很大的差别。 眉毛具有保护眼睛的作用。眉毛与人的表情有关，其形态会随面部表情改变，起到传达感情的作用。眉毛的颜色与形态，影响着人的脸型相貌，起到调整脸形与五官的作用，也影响人的性格、年龄。眉毛的形态是某种文化信息的传达，比如人们看到柳叶眉、蛾翅眉就会想到唐代的生活情趣。

(二)眉毛的外表形态

1. 平眉

平眉的眉头、眉峰、眉尾基本在同一直线上，显得自然整齐，青春中充满帅性。

2. 直眉

直眉的眉头、眉峰、眉尾基本在同一斜线上，眉尾明显上扬，女性有此眉型彰显刚强的个性。

3. 柳叶眉

柳叶眉纤细秀美，弧度柔和流畅，体现女性的柔美。

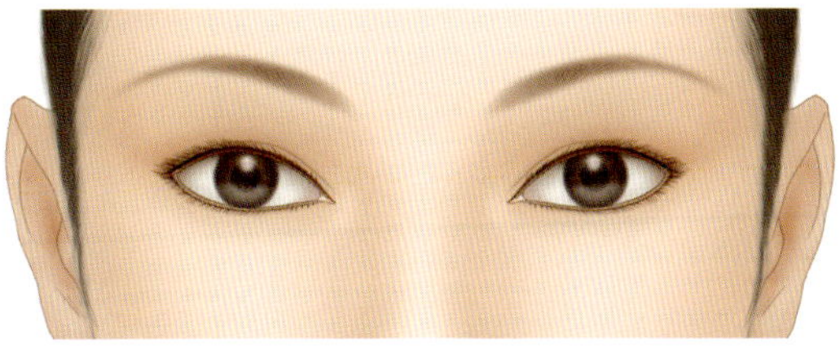

4. 棱角眉

棱角眉是柔中带刚的眉型，显示女性外柔内刚的特性。

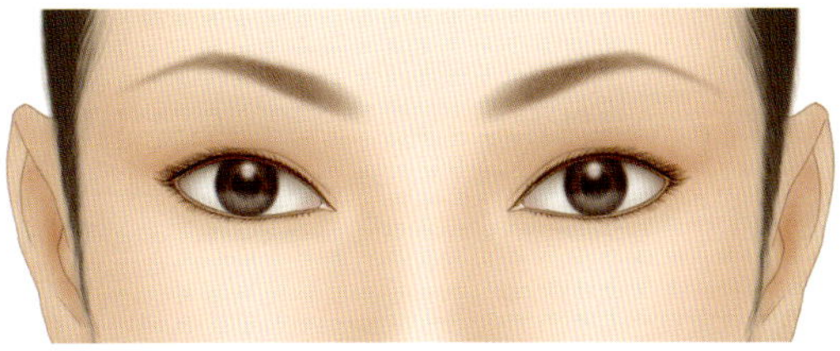

5. 挑眉

挑眉是指眉峰高挑，拥有此眉型的女性显得冷艳高贵。

6. 弯眉

弯眉是指眉头低、眉尾高，眉峰自然弯曲，具有女性的妖娆魅力。

7. 粗眉

粗眉是指眉型自然、凌乱，没有太多的修饰，显得青春、活泼、随性。

8. 倒挂眉

倒挂眉也称八字眉，眉头高、眉尾低，眉型下挂，看上去悲观、易受伤害。

二、眉毛的修饰技法

（一）基本修饰技法

1. 修饰眉毛的程序

（1）根据需要选择适当的眉型。

（2）用硬质的小眉刷轻刷双眉，以除去粉剂及皮屑。

（3）用温水浸湿的棉球或热毛巾盖住双眉，使眉毛部位的组织松软，毛孔张开，使用润肤霜亦可使眉毛及其周围的皮肤松软。

（4）用专门的修眉工具对多余的眉毛或过长的眉毛进行修剪。

（5）再用收敛性化妆水拍打双眉及其周围的皮肤，以收缩皮肤毛孔。

（6）用眉刷蘸眉粉，轻刷双眉，画出想要的眉型。

（7）必要时用眉笔进行描画，再用眉刷修饰调整。

2. 眉毛的修剪

眉毛是平衡面部结构、显现情绪个性的主要因素，修饰眉毛，要从化妆的类型、方法和本身的条件出发，选择适合需要的方法与工具，有时可以用一种方法，有时甚至可以用几种方法来修剪。

（1）拔：拔眉时，一只手撑开眉毛周围的皮肤，另一只手拿工具，顺着眉毛生长的方向，一根根地斜向连根拔除。

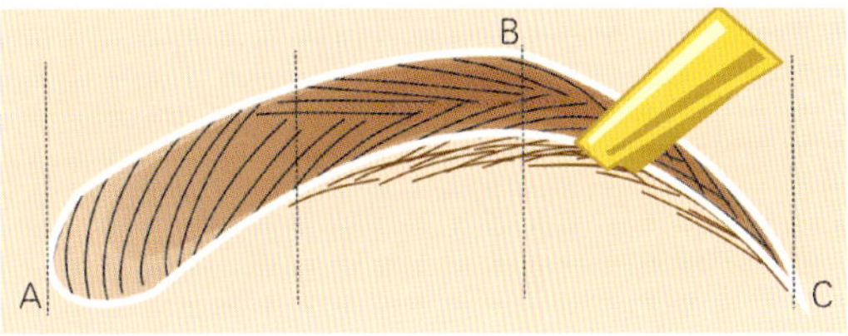

拔眉毛要特别慎重，因刚刚拔过的皮肤容易泛红，会影响化妆打底和色彩修饰，从眉型与脸型的整体配合出发，找出眉毛中需要拔去的部分，如果没有把握，可以先用眉笔画出所需的形状，然后拔去轮廓线以外的眉毛。

（2）刮：使用工具为专用的刮眉刀，刀头要小，刀锋处有保护层，这样不容易刮伤皮肤。刮眉时，一只手撑开眉毛周围的皮肤，另一只手拿工具，逆着眉毛生长的方向，齐根刮除。

刮眉时动作迅速、效果更佳，可立现所需眉型，而且皮肤不觉得疼痛，故化妆前宜用刮眉的方式来修眉。还有眉毛周围密集而细嫩的杂毛、汗毛，也宜用刮眉刀剃除干净。但是刮过的眉毛长起来也特别快。

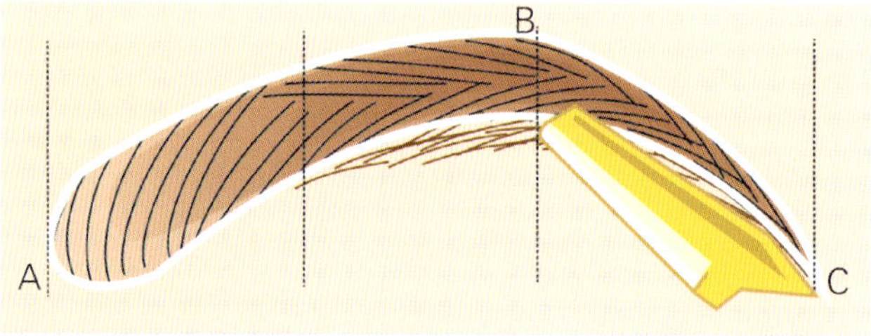

（3）剪：修剪眉毛的工具是一把弯头小剪刀，对于太长太密的眉毛就需要修剪一下。修剪眉毛的难度较大，不要一下子剪得太多，否则剪坏眉型就很难弥补了。

初学修剪眉毛时，可将眉梳平贴在皮肤上，从眉梢向眉头逆向梳理，把过长和容易下垂的眉毛剪掉。眉梢可以稍短一些，靠近眉毛中间的部分要留得长。因此，在修剪时，从眉峰至眉头的部位，梳子要逐渐抬起，这样就可以修剪出眉型的立体感与层次感。

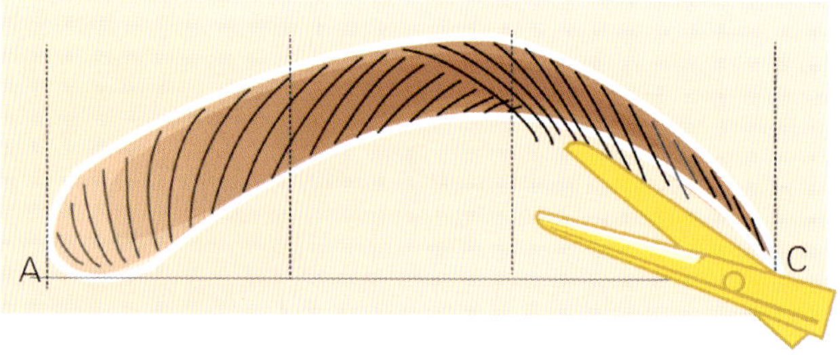

（二）各种眉型的修饰

1. 眉毛残缺或浓淡不均

除了眼睛之外，眉毛是脸部色彩最深的部位，如果眉毛残缺或浓淡不均，不仅眉型不美，还会成为影响五官端正美丽的明显缺陷。

（1）选择与眉毛颜色相同的眉笔，在眉毛缺损的地方直接补画。

（2）可用眉粉与眉笔相结合的方式，先浅刷一层眉粉，然后在上面用削尖的眉笔顺着眉毛的生长方向一根一根画出眉毛，做到真实而自然。

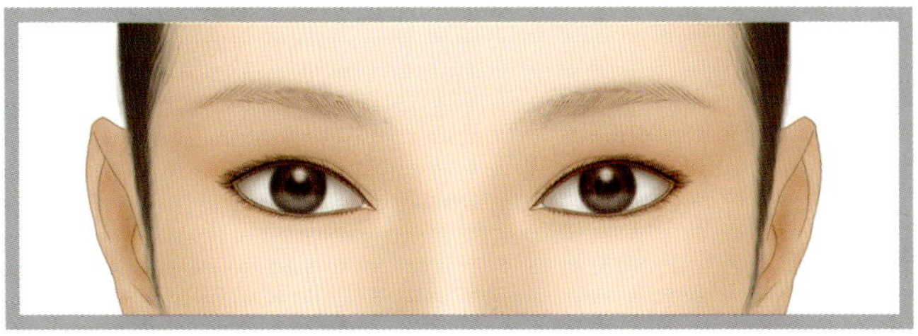

2. 眉毛稀少

眉毛稀少会使整体颜色淡，显得脸部不精神。

（1）改变这种状况，先用棕色、褐色或深灰色眉粉仔细地涂抹在眉毛部位的皮肤上作为底色，然后用眉笔一根一根的描画在稀少的眉毛间。

（2）眉毛少而乱，可以用定型梳理的方法，将散乱的眉毛聚合在一起，以透明眉胶粘着固定，色彩就显得微深一些了。另一种方法是拔掉多余部分的散眉，然后在稀少的眉毛间用眉笔描画，使眉毛真假结合、有色有形。

3. 眉毛太密

一般眉毛质地粗硬，色泽深黑。粗细适中的眉，会使眼睛更加迷人。浓眉与大眼相配，在于眉与眼协调相衬，若是在一双细柔的眼睛上面，长着粗黑浓密的眉毛，将会使眼睛显得暗淡无光。尤其是女性，过于浓密的眉毛会减弱眼睛的表现力，使眉毛成为人们注视的重点，而且让人觉得不轻松，从而影响人们的整体美感。为使眼眉与五官的协调，可将浓眉作为一番修饰。

（1）可用镊子将合适的部位的眉毛拔去一些。如眉眼间距太近，可重点拔下排眉毛；如眉眼间距离合适或稍远，可以重点拔上排的眉毛；如两眉间距太近，可以拔掉眉间的眉毛；如眉峰明显突出，可在太突出的部位拔去一些眉毛；如眉型合适，则挑选着把眉毛拔稀松一些。

（2）在拔眉之前，要审视眉毛与眼、脸的关系，作出准确选择，也可用棕色眉笔先画出理想的眉型，然后拔去多余的眉毛，减轻眉对其他五官的压力，使之互相协调。

（3）第二种方法是用浅色眉膏刷出想要的眉毛的颜色。另外，画眼线，涂睫毛膏，加强眼睛的黑白对比度，增强眼睛的感染力，也会使浓眉减弱视觉效果。

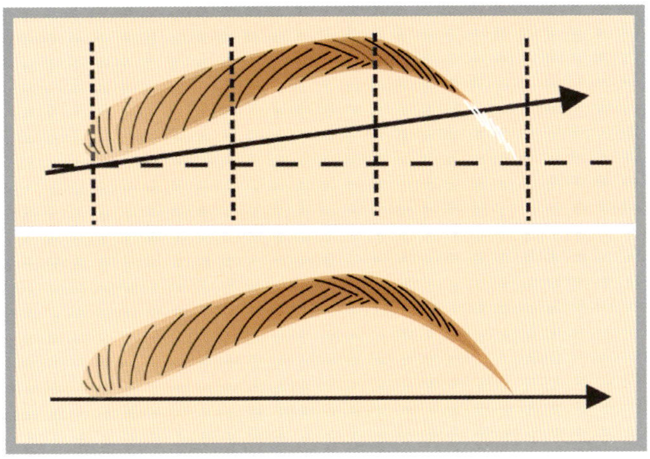

4. 眉毛太短

眉毛在五官搭配中出现偏短的现象，则会影响面部五官的和谐。加长眉梢的长度，使眉梢、外眼角和鼻翼外侧构成一条直线，眉头与眉梢在同一水平线上。先在加长的眉梢处涂上一层眉粉，再根据原有的眉毛的色彩，选择深色的眉笔，按照眉毛的生长方向一根一根的画出眉毛。

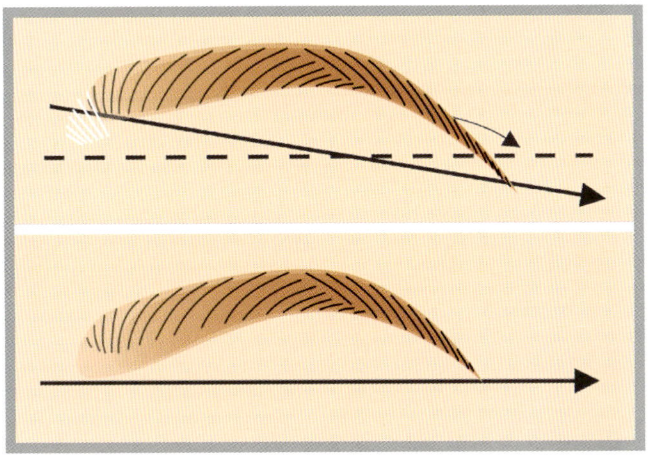

5. 倒挂眉

眉峰到眉梢生长在低于眉骨的地方，眉梢低于眉头，会影响人的精神面貌。拔除眉头上方的眉毛，降低眉头，将下挂的眉梢拔除变短，加画眉峰至眉梢处的眉毛，使眉头与眉梢基本调整在同一水平线上。

第三节　化妆与鼻部的塑造

鼻子在脸部占据着重要的地位，它像一条中轴线，将面部分成左右对称的两半。鼻部上端是眉毛眼睛，左右和面颊相连，鼻翼通过鼻唇沟维系、牵动嘴角，通过人中，又和嘴唇相呼应。鼻部是全脸最高的部位，由于它的突出与醒目，形成脸面的层次与节奏，可以使人显得漂亮，也可以把人镶嵌得很丑，它的形象对容貌的影响很大。虽然人们似乎不太注重对鼻部的化妆，可鼻部与脸上其他所有的部位都相互为邻，要想获得理想的化妆效果，就必须在鼻部的美化上下一番工夫。

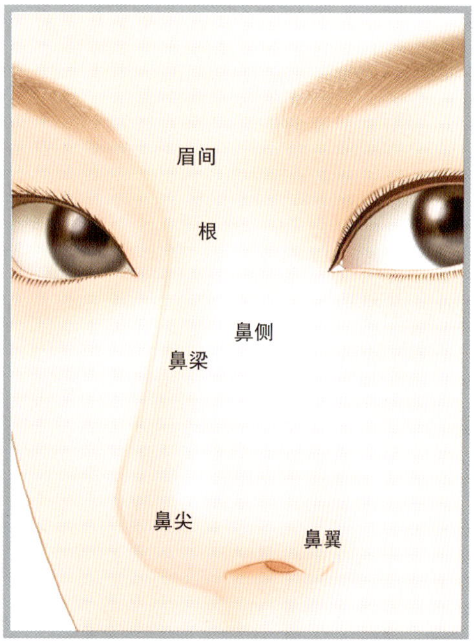

一、鼻部的形态

（一）鼻部的生理构造

鼻部主要就是指鼻子，内部骨骼是由鼻骨及鼻软骨构成。鼻骨位于鼻的基底部位和鼻根部。鼻软骨由透明软骨组织构成，最大软骨是鼻外侧软骨、鼻翼软骨和鼻中隔软骨。我们在脸部表面看到的鼻部主要指外鼻，包括以下部位：

1. 眉间

眉间指的是两眉头中间、两眼窝中间、鼻子上方的倒三角区，是鼻子的上部延伸。

2. 鼻根

鼻根是鼻上端的起始部，为额骨与鼻骨相接处，基本上是整个鼻部最窄的部位。

3. 鼻梁

鼻梁由鼻根向下逐渐呈长的梯形隆起部分，有呈直线、凹曲线、凸曲线之别。

4. 鼻侧

鼻侧也叫鼻背，鼻子两侧，上连眉头，下连鼻翼，中间是鼻根、鼻梁，两旁接脸颊。

5. 鼻翼

鼻翼在鼻尖左右两侧，略成圆形而带角状，有大小、宽窄、圆扁之分。

6. 鼻尖

鼻梁的下端称鼻尖，又叫鼻头，有大小、圆尖之别。

7. 鼻孔

鼻翼下面水平部分通向鼻腔的圆孔，称为鼻孔，有大小、俯仰之别。

8. 鼻中隔

两鼻孔中间的部位称鼻中隔，正面视不明显。

9. 鼻底

鼻底在鼻中隔的最低部，鼻部的终结处，下接人中部位。

（二）鼻部的外表形态

鼻部的外形因人种、性别、年龄的不同而有所不同。扁平的脸型往往与低鼻梁相关，因为低平的鼻梁使眼睛与鼻子之间不能形成高低层次。高而挺直的鼻子，使眼睛相比之下有凹陷的感觉，加强了这部分的立体结构。鼻子的高低对脸部的立体感有决定性的影响，鼻根至鼻尖的长度，又会改变整个脸型的长短印象。鼻尖本身也有大小、圆尖之分，如大鼻翼使鼻子宽大，小鼻翼常使鼻型不丰满，也会对鼻型及脸部容貌发生视觉影响。

1. 理想的鼻型

鼻梁挺拔，鼻头圆润，鼻翼从两侧向上延伸至两内眼角处，鼻翼大小适度。

2. 长鼻型

在脸部三庭中鼻子偏长，鼻梁偏瘦。

3. 短鼻型

在脸部三庭中鼻子偏短，鼻梁偏宽结构圆润。

4. 塌鼻型

鼻梁低而矮平，没有鼻骨的感觉。鼻头翘起，鼻孔外露，也称翘鼻子或朝天鼻。

5. 蒜型鼻

鼻根低，鼻梁上端窄，鼻尖与鼻翼圆大。

二、鼻部的修饰技法

（一）基本修饰技法

1. 鼻侧影的运用

东方人的鼻部立体感不够，鼻部的修饰技法就是通过色彩的明暗对比，在一定程度上造成色彩视觉效果，以改变鼻部的外形。

用浅色提亮眉间、鼻根、鼻梁甚至是鼻头部位的颜色，可以使鼻部有向前突出的感觉。鼻背是由两个侧面形成的立壁型，用颜色加深鼻背处的阴影（我们称为鼻侧影），就会使眼窝低凹，阴暗对比加强，亦会使鼻梁显得高而挺拔。

由于鼻侧影画在鼻子的两侧，处在面部的中心位置，加上色彩具有一定的深度，可以强调脸型的立体层次。所以在化妆中，往往将鼻侧影作为修饰或矫正鼻子的一种手法。鼻梁高的人不必涂鼻侧影，以免显得多余。日间淡妆，追求真实自然和不露痕迹的效果，可以不画鼻侧影，只需在鼻梁上涂抹少许的提亮色即可。注意提亮色与肤色反差不要太大，以柔和自然真实为美。

2. 如何选择鼻侧影的颜色

鼻侧影的色彩选择，相对来说有一定的局限性，除了特殊的化妆以外，很少有人用五颜六色来修饰鼻子，而大部分人画鼻侧影都是为了使鼻梁显高和改变鼻子不理想的部分，以衬托脸型。因此，鼻侧影的颜色就要力求真实，避免虚假。

鼻侧影一定要和面部的基底色调保持一致，这样才容易和底色和谐，并形成自然的阴影色，只是要拉开与底色的明暗差别。如面部的基底色调是暖色调，鼻侧影的颜色最好也是暖色，用浅棕色、红棕色、咖啡色等。面部的基底色调是冷色调，鼻侧影的颜色最好也是冷色，用棕灰色、褐色、绿灰色等作鼻侧影。有时没有理想的色彩，可以自己调配。

鼻侧影的颜色除了要和肤色统一外，还应与眼影色调协调。如果涂蓝色或紫色眼影，而用红棕色涂鼻侧影就不和谐，若用紫灰色或偏冷的灰褐色，就能与眼影衔接，但应掌握好分寸。

（二）各种鼻型的修饰

1. 长鼻型

鼻子长，脸型就显长，改变的方法有以下几种。

（1）压低眉头，并且眉毛避免画成上挑形，可以使鼻子的长度相应变短。当然额头太长的人不适合采用这种方法。

（2）鼻侧影向内眼角涂染，颜色要淡，向下不要延续至鼻翼，鼻尖处横扫少许阴影。

（3）鼻梁的提亮色加宽，提亮色与鼻侧影的颜色形成弱对比，不要形成显眼的化妆痕迹。

（4）面颊上腮红色适合横向晕染，造成和谐温柔的感觉，对减弱长鼻子的印象也有一定效果。

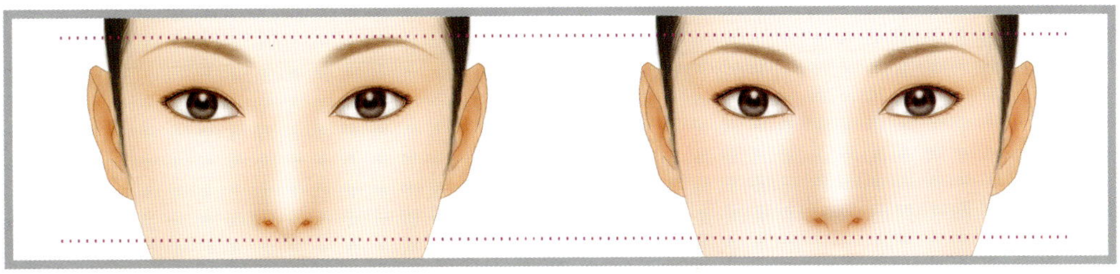

修饰前　　修饰后

2. 短鼻型

鼻子短将形成圆脸或脸型偏短。要将短鼻子画长，主要还是要依靠色彩的变化来塑造。

（1）改变眉型，将眉头稍向上抬，这样就抬高了鼻根部位。

（2）将鼻侧影向上渲染至眉头，向下到鼻翼处消失，用色彩的纵向引导，使人们的视线由于上下移动而感觉鼻子的长度有所增加。

（3）加强鼻子的立体塑造，鼻部的亮色面不应过宽，鼻梁比正常比例略微收窄一些。鼻侧影的颜色略重，立体的鼻梁比扁平的鼻梁显长。

（4）要注意减弱鼻翼的色彩，因为明显的鼻翼会增加鼻子的宽度。

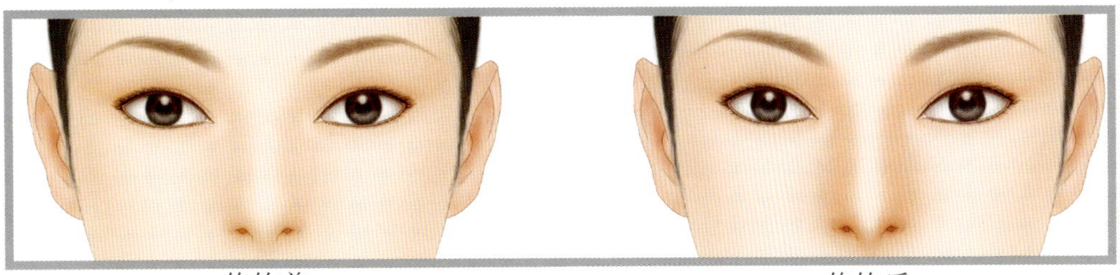

修饰前　　修饰后

3. 塌鼻型

低而扁平的鼻根、鼻梁，使面部显得呆板，缺乏立体层次与感染力。

（1）在鼻根、鼻梁处涂明亮的颜色，用象牙色或者用淡粉红加少量的白色与黄色，调成一种比皮肤明亮的颜色，如果用珠光型眼影，由于亮光的反射，会使鼻梁突出，但点染的面积不宜太大，只需在鼻梁及鼻尖上轻轻印搽，而且要符合鼻子本身的生理构造。

（2）在鼻子的两侧涂阴影色，鼻侧影的上端与眉毛衔接，两边同眼影混合，下方则消失于底色，使鼻侧影形成一个自然而真实的侧面阴影。但是一定要注意阴影不能太深，以免造成整个眉眼部位的塌陷，要以提亮为主，侧影为辅。

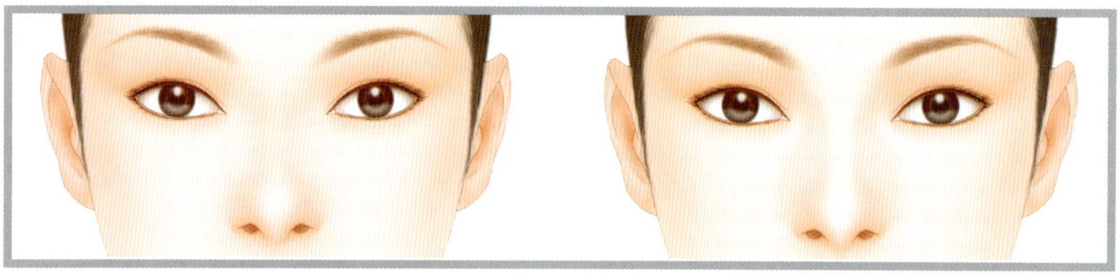

修饰前　　修饰后

4. 蒜型鼻

鼻梁适中，鼻尖和鼻翼偏大，被称作蒜型鼻。也有的鼻子由于鼻尖两侧的大鼻翼而显得缺乏秀气。要使宽大的鼻翼显小，可以用颜色的深浅来调整鼻子和局部形象。

（1）将略深于肤色的鼻影色从鼻侧延续至鼻翼，深色有收缩感，可以在视觉上感到鼻翼小了。

（2）用比肤色浅的明亮色涂于鼻头的最高处，用这样的方法来加强鼻头与鼻翼之间的反差。

（3）鼻梁上的浅亮色不宜细窄，鼻梁和鼻侧的明暗转折一定要柔和。

（4）双眉作横向扩张，嘴适当应大一些，唇色、面颊色丰满红润，都会使鼻翼在相比之下显得小巧。

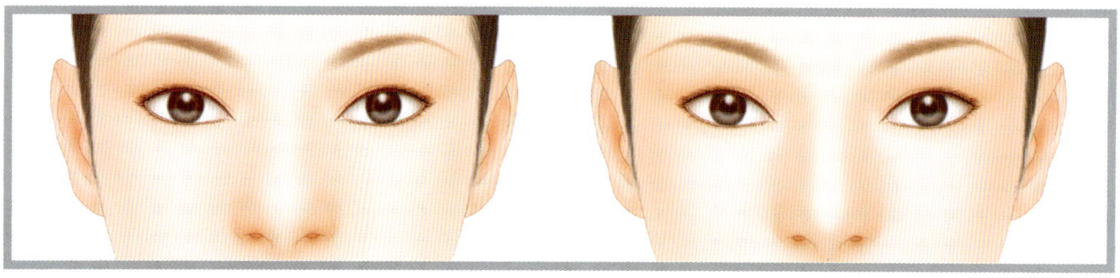

修饰前　　修饰后

5. 宽鼻梁

鼻梁宽度大于内眼角间距的三分之一，让人感觉非常成熟稳重，但如果想展现女人味，不妨利用鼻影和亮光效果细化宽广的鼻梁。按标准宽度提亮鼻梁，深色鼻侧影向中间靠拢与高光部位自然连接，并且鼻影色从鼻侧延续至眉头。

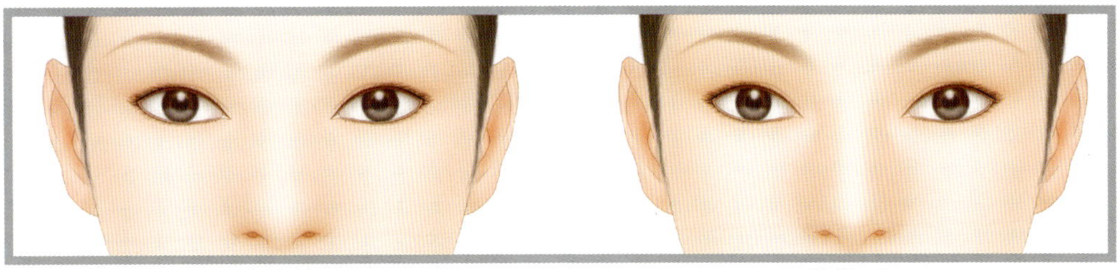

修饰前　　修饰后

6. 窄鼻梁

鼻梁宽度窄于内眼角间距的三分之一，让人感觉纤细柔美，但如果想更大方稳重一些，建议提亮一下鼻侧处，让鼻部立体感稍弱化一些。鼻梁窄的人不宜涂鼻侧影，若加重鼻两侧的阴影，会使鼻梁更窄。

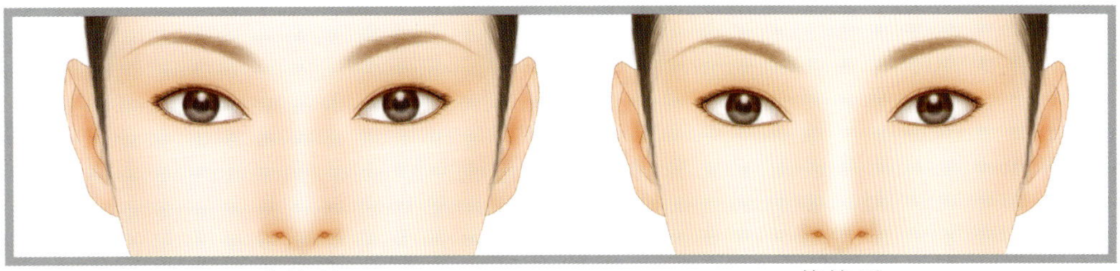

修饰前　　修饰后

第四章
化妆与局部的塑造

第四节　化妆与唇部的塑造

一、唇部的形态

（一）唇部的生理结构

嘴唇分上唇和下唇，两唇之间为口裂。嘴唇由皮肤、口轮匝肌、疏松结缔组织及黏膜组成。嘴唇的赤红色口唇部称红唇，是涂抹口红的地方，在化妆中占有特别重要的地位。上下嘴唇的红唇外轮廓构成唇型，上唇中部为上唇结节，其两侧上方有两个突起的唇峰，唇峰中间呈凹陷的V形，下唇中央最低点称唇底部，下唇连接下颏的凹陷处为颏唇沟。

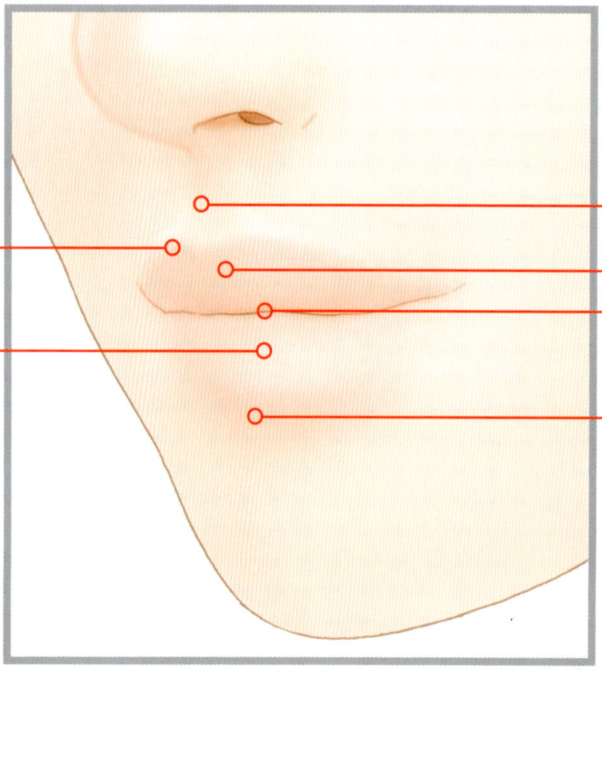

（二）唇部的外表形态

1. 纯情浪漫的唇

小巧而又圆润，微微外翘，上下唇看似都有唇峰。

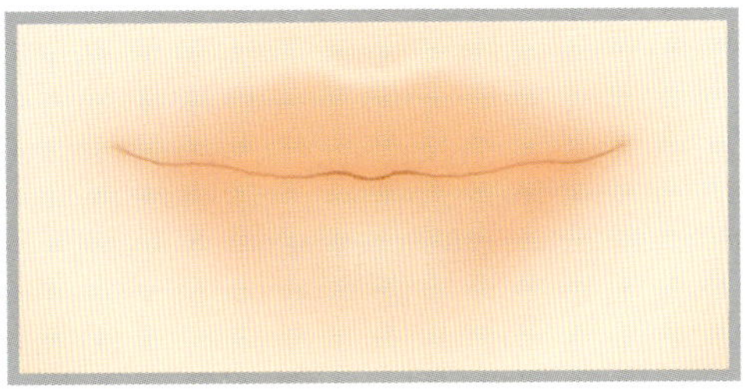

2. 干练职业化的唇

又紧又薄，唇峰稍带棱角，是干净利落的唇型。

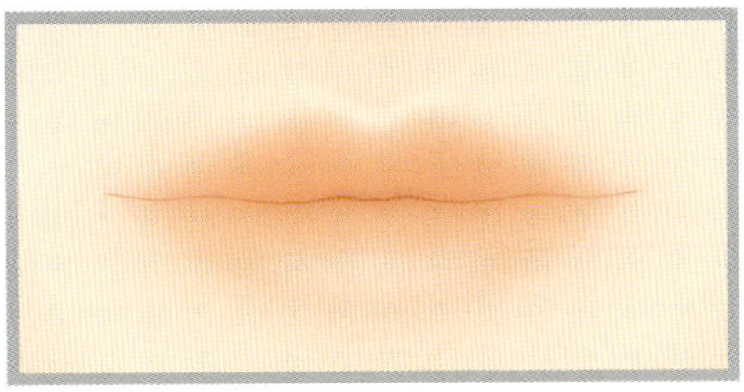

3. 活泼可爱的唇

嘴角上翘，薄而圆润，唇线不清晰，浑然天成。

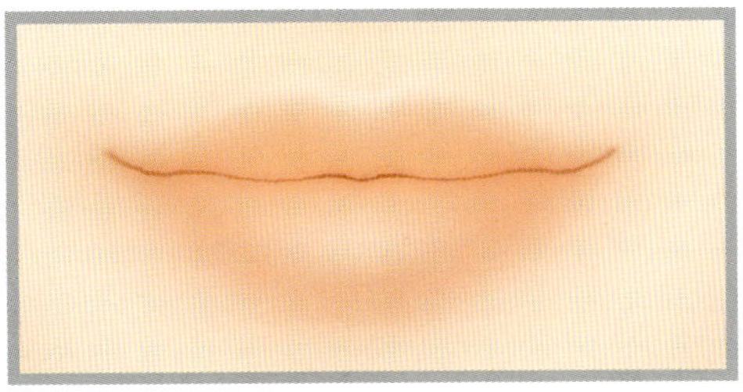

4. 庄重典雅的唇

唇峰饱满，弧度柔和，嘴唇立体感强。

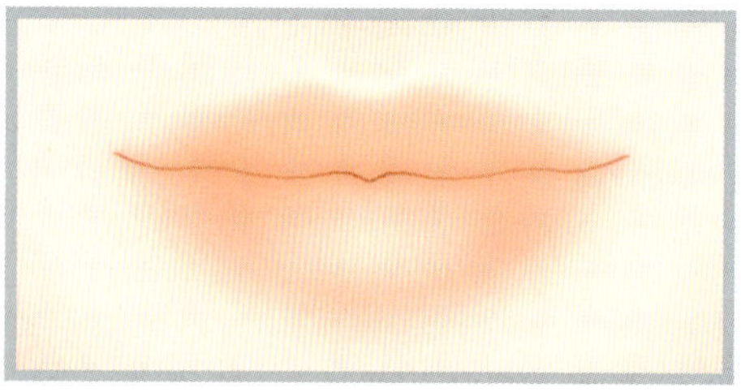

5. 妩媚动人的唇

唇峰有些夸张，加厚双唇，丰满性感，称“花瓣嘴”。

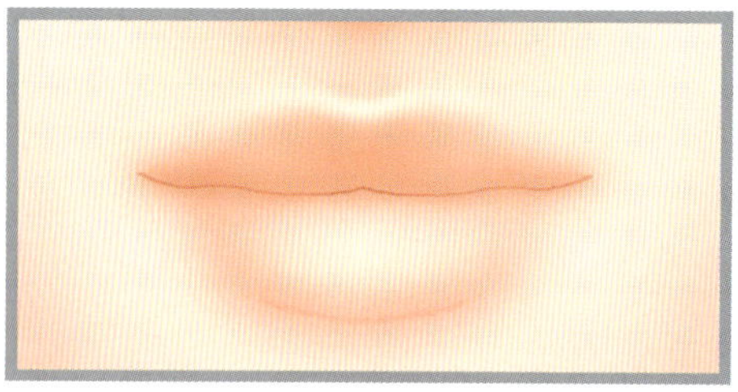

6. 唇尖突的唇

上下唇偏薄，“品”字型唇峰明显，整个嘴唇偏小。

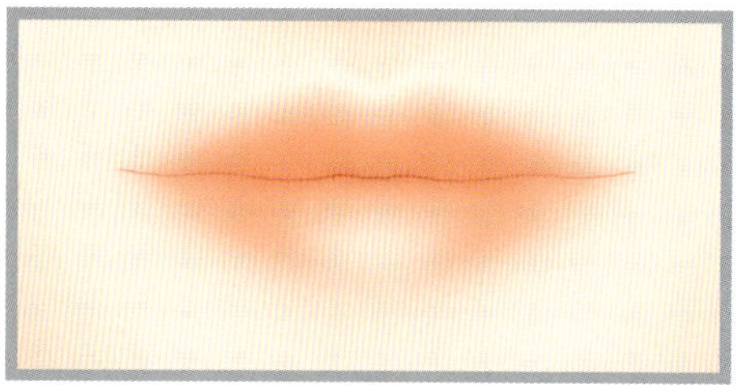

7. 冷艳高贵的唇

厚而带棱角的唇，立体感强，嘴角微微有些下垂。

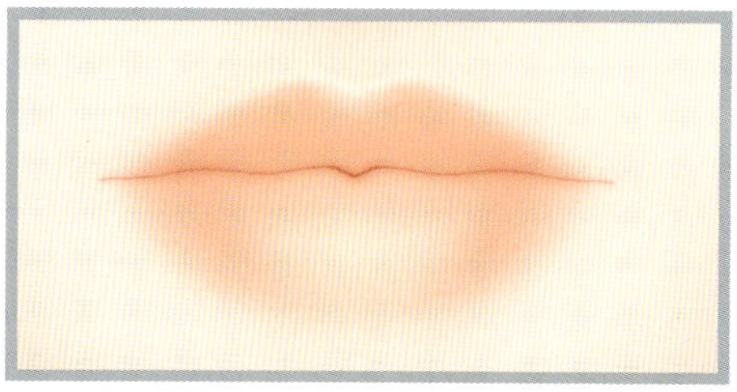

二、唇的修饰技法

（一）基本修饰技法

口红鲜艳，肤色显得白净；口红发暗，肤色看上去也比较暗；口红素气，其他部位会显得醒目，动人。醒目的口红，会使唇部突出于整个妆面。口红色彩的选择要与服装的颜色、腮红色系等方面相协调。有时单色填于唇部；有时在嘴角两侧填入深色，中间为亮色，采用两种以上的色彩组合。最重要的是因人而异、因妆而异、因需而异。

（1）用唇刷蘸一点儿无色的润肤油，先滋润唇部，便于上色。

（2）在嘴唇周围的皮肤上拍些散粉使唇边部位呈粉质状态，以免油脂使唇膏顺唇纹晕开。如果需要修整唇型，则要先用与肤色接近的粉底盖住原有唇线，并扑上散粉定妆。

（3）用唇线笔定点、连线、修饰、勾勒出满意的唇型。如要唇线更固定、妆面更持久，可在画好的唇线上扑些定妆粉再次定妆。如果唇线颜色太深，可用棉花棒将唇线向里擦一擦。

（4）唇部上色。用唇刷蘸上唇膏先涂嘴角，再蘸稍浅的唇膏色耐心地涂满嘴唇，最后用唇刷在唇面上做衔接调整，完成基本唇妆。

（5）将纸巾置于嘴唇上，用手指轻按；或者将纸巾置于上下唇之间，双唇轻轻抿一抿。一方面让口红能融入嘴唇，唇膏更加服帖；另一方面吸取过多的色彩，让双唇更加自然柔和。

（6）如果需要色彩很浓艳的唇妆，则需要从步骤（4）起按顺序再上一层唇膏。最后用透明的唇彩或唇油，在双唇的中间部位上光提亮，营造立体亮泽的双唇。

（二）唇膏的颜色选择

（1）唇膏的颜色应与服装整体色调搭配协调。

①一般如果穿冷色系的服装，如主色调为蓝、紫、翠绿、粉绿、银色等，搭配的唇膏可选粉红、桃红、玫瑰红、紫红色等。

②如果穿暖色系的服装，如主色调为金色、黄色、草绿、橄榄绿、棕色等，搭配的唇膏可选大红、朱红、橙红、棕红等。

③如果穿中性色调或无彩色的服装，搭配的唇色就比较广泛。

④如果穿红色系列的服装，则唇膏颜色与服装颜色越接近越好。

（2）唇膏颜色应与腮红颜色基本一致。

（3）年轻的女性宜选用浅色系列的口红，显得清新可人；年长的女性宜用自然稳重的唇红色，显得端庄优雅。

（4）肤色太浅的女性不宜用深色的唇膏。而肤色较深的女性用偏深色的唇膏比较理想，可以衬得脸色稍亮一些。当然，如果想要前卫性感的古铜色肌肤感觉，用荧光浅色系口红会有不错的效果。

（5）牙齿发黄的女性最好选择珊瑚红、朱红、橙红、鲜红等暖色系唇膏，衬得牙齿不那么黄。牙齿发灰的女性最好选择粉红色、玫瑰红色、桃红色等冷色系的口红，衬得牙齿更加洁白。

（6）唇色及唇型在生活化妆中受化妆品与流行因素的影响很大。但滋润、健康、自然的美感是最重要的。

（三）各种唇型的修饰

表现嘴唇的美，首先是轮廓清晰，嘴角、唇峰、下唇底部各个关键点位置定的准确。唇的表层是黏膜，与脸部其他部位的皮肤不同，不能随意描小描大，充其量只能在原形的基础上作适当的扩大或缩小。

1. 修整厚唇型

要使厚嘴唇看起来薄一些，一般方法是将唇膏涂抹在红唇以内，再用粉底遮盖住红唇的外露部分。这个过程尤其需要唇线画得干净挺括。不过，一些特别厚的嘴唇，用这种简单的办法并不见效。还要更具体的分析和更细致的描画。这是因为，在很厚的嘴唇上画薄嘴唇，留下多余的宽边，不容易被颜色遮盖；同时红唇部与皮肤部交接处有明显的突起，构成嘴唇的轮廓，不可能用颜色盖住。所以矫正这样的嘴唇非常困难，需要熟练的化妆技巧。对待这种情况，一般要从几方面着手：

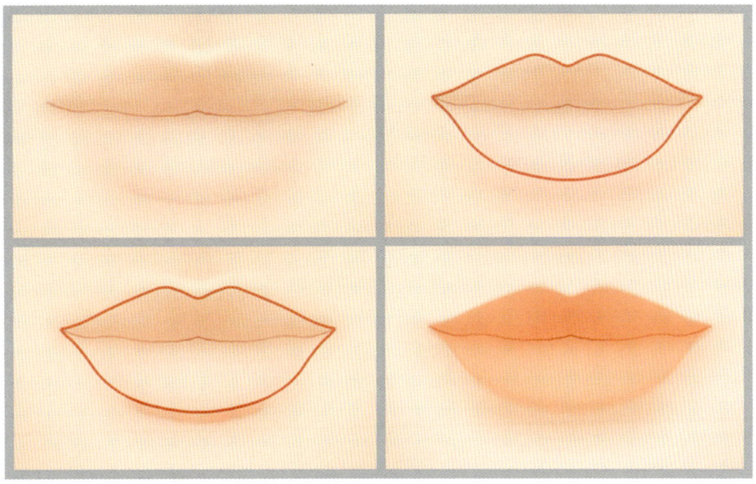

（1）不要把嘴唇画得太薄，以免余下的红唇部分边沿太宽。把红唇部描得太小反而与嘴唇的整体结构不相称，所以矫正要适度。

（2）除了把红唇部描画，还需把本来嘴唇的轮廓缩小一点。方法是运用接近肤色的粉底盖住外露的红唇，把轮廓缩小。浅肤色主要用在上唇的边缘，以遮盖原来红唇的赤红色，造成皮肤的假象。下嘴唇的外轮廓线一般要用阴影色遮盖，使其不要外突。

（3）把下唇底部与颏唇沟交接处的阴影向上延伸，造成颏唇沟上移的假象。减弱或消除原来下唇的轮廓线，描画时应非常小心，先从中间开始，调一点与颏唇沟阴影一致的颜色，当描画的颜色与阴影一致并很自然地衔接之后，再把颜色向两边延伸，并突然消失。描画的阴影色与唇膏之间要保持一条肤色轮廓线。

（4）改变的唇膏边沿和轮廓线要平直，不应随原来的嘴形等量缩小。由于厚嘴唇一般都凹凸起伏明显，涂抹同一色度的唇膏，仍然有原来嘴型的痕迹，所以，在涂抹唇膏时，注意不能选择太浅的唇膏颜色，并且要有深浅层次。

2. 修整薄唇型

薄嘴唇要化妆得丰满、性感，可以直接用唇膏增加红唇的厚度。这种方法的要领是描画的轮廓除了放宽尺度外，还要有较大的弧度。描画的轮廓线要挺括干净。涂抹的唇膏要涂得厚薄均匀，能较自然地盖住红唇和加宽部分的皮肤颜色。化妆的方法：

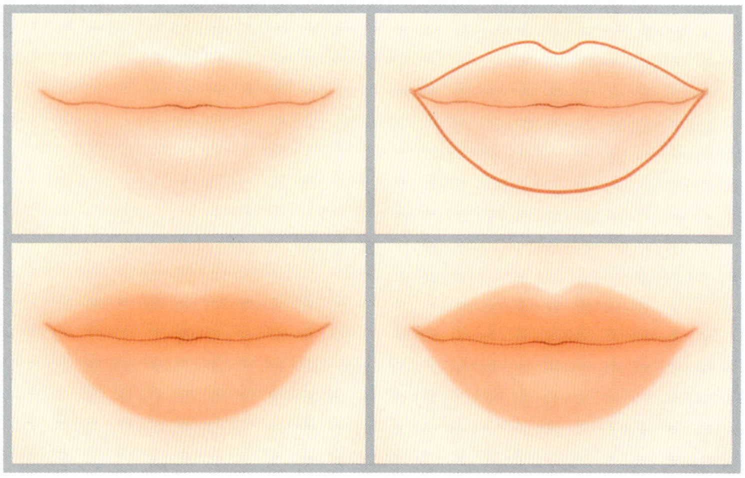

（1）先用深色唇线笔画出一个比原来红唇厚的唇型轮廓。

（2）然后在这个轮廓内涂上唇膏。利用唇膏深浅的衬托，加强想要突出的部分。

（3）如果原嘴唇轮廓线比较明显，皮肤与红唇部的交角坡度大，而描画的轮廓线又越过了这个坡度，这时依靠单色唇膏遮盖皮肤掩饰边沿便会显得虚假，必须把上嘴唇原来的轮廓线外的皮肤部分颜色加深一点，以抵消受光部位的色差。下唇底部不必加深色，只在下唇中部加一点浅色，然后把浅色均匀地与唇膏揉和，造成丰满圆润的视觉效果。

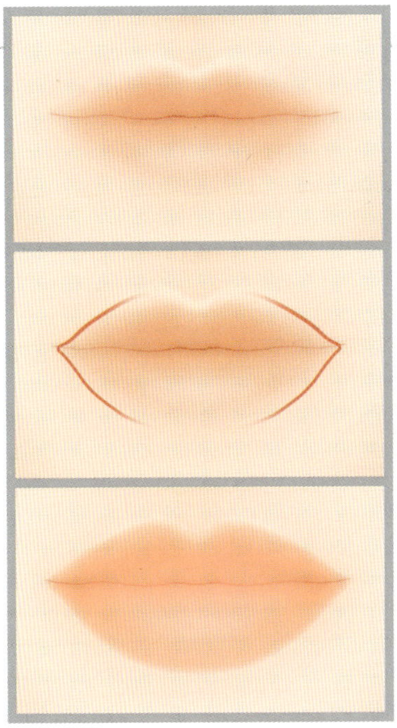

3. 修整棱角唇型

带棱角的嘴唇体现一种干练职业化的风采，但是如果配上带棱角的方脸型或菱形脸型时，会让人感到太刚硬、太严厉了，缺少女性柔美的气质。修整方法：

（1）唇峰V形部位与唇底部不动，用深色唇线笔加宽上下嘴唇轮廓两边的弧度，则立即呈现饱满圆润的唇型。

（2）在轮廓线以内涂唇膏，注意原唇型轮廓内的唇膏色浅一些，新画的唇型轮廓与原唇型轮廓之间的唇膏色深一些，这样视觉上就立体圆润了。

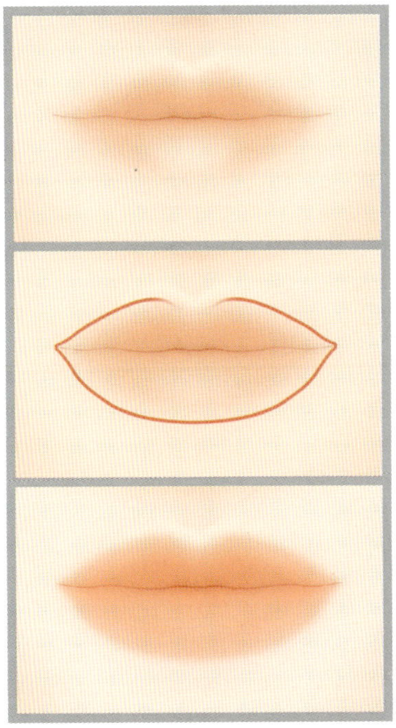

4. 修整突唇型

唇型与鼻型、脸型都有一定的相互关系，薄而尖突的唇型，常与狭小的鼻型有关。嘴型的化妆关系着脸型的变化，只把尖突的嘴唇化妆得平一些，整个容颜都会有所改观。化妆的方法：

（1）先画唇型轮廓线。上唇轮廓线从嘴角开始，偏离本来的上唇边沿，斜向上、向前的弧线，与原来的唇峰汇合（如果原来的唇峰高，则把汇合点降得低点）。下唇轮廓线从嘴角起画，斜向下、向前在中部外侧与原来的红唇边沿汇合。

（2）在轮廓线以内涂唇膏，中侧部要浅一点，这样它在光照下与中间部的色度相近，便会造成起伏不大的错觉。

5. 修整下挂唇型

在不做任何表情的正常状态下，口裂的两端向上翘，即为上翘嘴型；口裂两端向下略斜，即为下挂嘴型。因为在说话和微笑时，嘴角下挂的程度是不明显的，只有当闭合时才有这种感觉。嘴角略有下挂会显得很酷，但太严重的话就显得很悲哀了，化妆时可以作适当的矫正。

（1）改变口裂的形状，用深棕色唇线笔点画在上唇嘴角的两端，使上唇嘴角处加厚。当嘴唇闭合时，由于阴影色改变了上唇的形状而使口裂得以借位，形成新的嘴角。

（2）在下唇的两端涂上亮艳的唇膏，由于亮色的点衬，使矫正过的嘴角显得更加深而真实。上唇的颜色偏深，下唇的颜色适当浅一些，并将亮点略向嘴角处移动，与嘴角的明亮色唇膏相揉和。

（3）每个嘴唇的起伏转折都各不相同，要有效地矫正唇型，就要根据具体条件，考虑在关键处加以修整。比如改动上唇两侧轮廓线的弧度，使其具有上翘的动势，再使下唇嘴角的弧线与上唇呼应。也可以用底色均匀地涂敷嘴角部位，以减弱嘴角纹的投影。然后改动上唇两侧轮廓线的弧度，使其有向上翘的感觉。

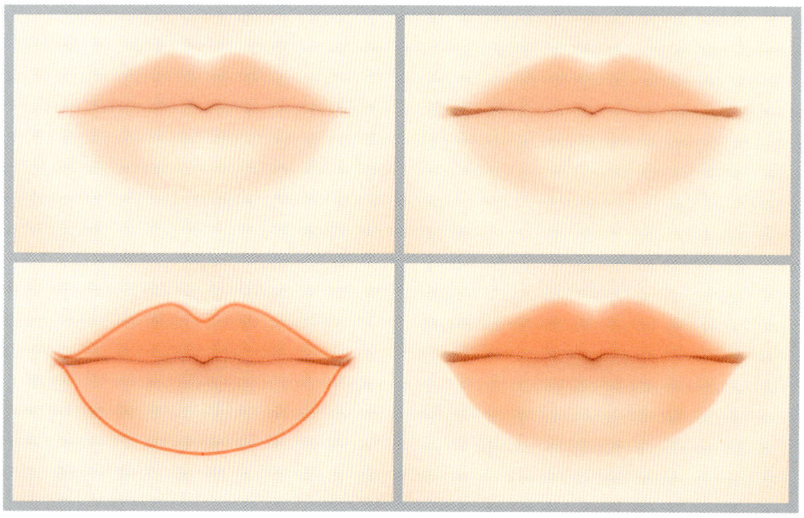

第五节 化妆与腮红的塑造

一、腮红的形态

（一）腮红的位置与形状

脸颊以及颧骨是面部最宽阔而显眼的部位，这个部位我们常以腮红来修饰，能使面容更生动活泼、健康红润。此外，如果眼部、唇部画得越浓，腮红也应越强调，否则会觉得整张脸不协调，脸颊很空。

腮红按形状分有圆形、长条形、扩散形的腮红。圆形的腮红视觉上有可爱的突出效果，长条形的腮红视觉上有加强立体感的效果，扩散形的腮红视觉上有柔和的效果。长条形的腮红按方向分为横向、纵向和斜向。横向的腮红视觉上有拉宽的效果，纵向的腮红视觉上有拉长的效果，斜向的腮红视觉上有瘦脸的效果。

（二）腮红的作用

1. 健康肤色

人的脸颊部位，毛细血管极为丰富，由于毛细血管充血而使得颊部呈现出微红色。当身体有病或营养不良，或过度疲劳时，生理机能的正常运转受到一定影响，反映在面部，其特征之一就是皮肤枯黄、苍白、无光泽，脸颊无红色。因此，红润的面颊是身体健康的标志。化妆时，在面颊以及与之相连接的眼窝部位，造成一个红晕区，使整个面部显现健康、自然的肤色。用腮红增加皮肤的色调以及色彩的层次性，可以加强脸的生动感和立体感，显得精神焕发。

2. 装饰强调

在节日里，常见一些孩子的脸蛋上涂着两团红色，这是家长打扮孩子的一种方法，以增添节日的喜庆气氛。在生活化妆中，涂上腮红，不仅能使整个面部精神起来，起到一种装饰、强调的作用，同时，腮红又能与唇膏和服装色调相呼应。在许多特定的环境下，腮红往往被表现得很充分，甚至还加上其他颜色。

3. 统一色调

人的面部结构有高低起伏，皮肤的色调也有许多微妙的变化，即使涂了底色，也常常达不到理想的效果。涂上腮红，并在额部、眼窝、下巴等处均匀地、有层次地晕开，使明亮的红色成为一个统一的色调，削弱那些细微的凹凸及皱纹所形成的明暗对比。

4. 改变脸型

红色所具有的特殊色彩张力，给我们的视觉影响是十分明显的，因此腮红的色彩饱和度、腮红的色相和深浅、腮红所涂的部位都会对脸部的结构和脸的形态产生视错觉，而这种视错觉正是我们在化妆时所要达到的目的。比如，当我们在脸颊的凹陷处涂上浅亮的红色时，这个凹陷的部位就会因为浅亮的红色而给人以饱满的印象；如果在这个部位涂上深于底色的暗肤色，再用偏灰暗的棕红色作为过渡，就可以加强这个部位的凹凸结构。

脸型整体的形式感、色彩感、质感是由面部五官的形态、颜色与脸型轮廓有机结合的构成体。在任何一个局部施加一条或一块明显的色块，都会对整体产生影响。不难想象，在面部涂上一块明显的红色，必然会产生新的形式或色彩结构，甚至会影响人的整体感觉。所以，腮红常常成为化妆师展示女士脸颊美感和神态风韵以及改变脸型结构的一种手段。正如我们把脸部的美感、神采作为整体造型的显现来认识一样，改变局部，也是为了要得到某种理想的和整体的完美形态。

二、腮红的修饰技法

（一）基本修饰技法

在大部分场合与多数情况下，人们涂腮红的目的都是为了显现健康的红润脸色，所以涂腮红时，要注意与周围皮肤的自然衔接与融合，避免在面颊形成一块孤立的红色。可采用以下常用的腮红打法来表现肌肤的美感：

（1）在颧骨与眼睛下方涂上淡而柔和的腮红，能显示出红润、有生气的神采。

（2）将腮红涂敷在颧骨下方，并向颧骨自然晕染，既增加了面部的色彩，又能突出颧骨的结构。

（3）在扁平的脸上施以微妙的长条形腮红，由于腮红形成的色块切割而加强了面部的层次与立体感。

（4）淡妆时用透明度强、能与肤色协调的中性红色，作腮红比较理想。

（5）用膏体型腮红，在扑散粉定妆之前涂抹，会产生真实、自然、滋润和光泽的皮肤自然红润效果。

（6）用粉状胭脂涂敷后，可用湿毛巾在脸上轻按几下，吸去胭脂中的粉质，就会显得润泽。

（7）用深浅不同的腮红修饰面部，利用“色阶”所形成的丰富层次，使面部更美丽、生动。在技术上，要注意每个部位的深浅层次要柔和地过渡，自然地衔接，不要涂成“花脸”。

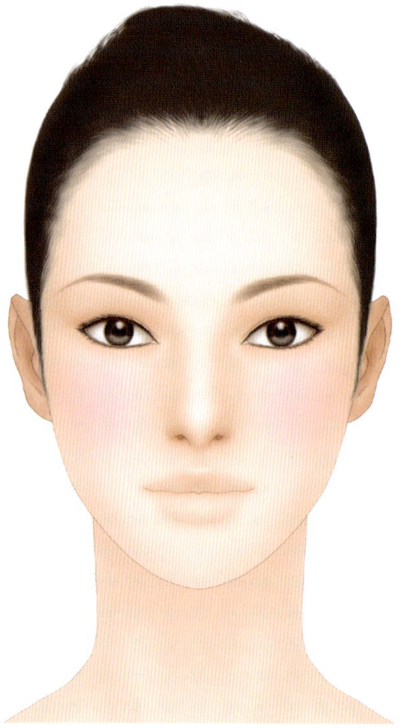

（二）确定腮红的色彩

腮红的颜色有橙红、粉红、朱红、砖红、浅玫瑰红、玫瑰红、棕红、桃红等。由于色彩的纯度、明度不同，腮红色彩的选择，要根据场合、目的以及化妆方法而定。

1. 表现健康

为显示健康而使面颊部有红润感，并且不希望被人看出化妆的痕迹，腮红的颜色就要选得准确，让人感觉是从皮肤中透出的“血色”，而不是涂上去的一块红颜色。过于鲜艳的腮红色很难达到这种效果，因为艳红色难以与肤色统一而使涂抹的腮红有虚假感。比如朱红和大红作为腮红色会显得焦黄与漂浮，可稍加浅玫瑰色调匀后使用。浅棕红、浅玫瑰红、浅粉红、浅橙红色等作为腮红色比较合适。面部除了大的起伏外，每一个局部都有许多小的凹凸，这种状况往往容易导致苍老、憔悴的感觉，如果想用腮红来改变这种状况，也未必不可。

2. 作为结构色

在色彩学中，有“暖色向前、冷色退后、浅色突起，深色凹下”之说，利用这种视觉原理，可以用偏冷的、偏深的腮红颜色作为脸颊的阴影色，如使用棕红色、深玫瑰红、紫红等色彩纯度、明度均较低的腮红色，使脸颊有凹陷之感。选用明亮、鲜艳的浅粉红、亮粉色、橙色等，可强调某个部位凸起的结构。

3. 作为协调色

作为整个面部色彩的色系，腮红色调的选择还应根据皮肤的色调、服装的色调来确定，以便形成整体色调的统一。如朱红、大红等鲜艳的色彩，平时很难搭配，但在喜庆场合则可以使用。用腮红来统一整个面部色调，可以清除零碎、凹凸感，使面部产生和谐、丰满的美感。但是，不能在各个部位都涂上同样深浅的红色，而应根据具体情况来变化腮红的深浅。凹下部位宜用浅亮的红色，逐渐过渡到凸起部位的较为深的红色。同时，不能忽视腮红的主次，额部、下巴、眼窝部位的红色，都要适度。

（三）各种腮红的修饰

1. 腮红修整颧骨扁平

如果将人的脸作为一个球形来看，可以运用绘画的原理来改变和矫正扁平的脸型。从颧丘部位开始，向上起至眉峰，向下延至下颌，形成脸部的分割线。分割线以外的色彩渐冷渐深，分割线以内的色彩渐暖渐浅。这样，就区分了脸部的明暗或冷暖色块，作为切割色块的腮红，要涂得宽一些，向上、向下、向里、向外都要有渐变晕染的过程，十分自然地与周围的色彩过渡结合。

2. 腮红修整颧骨宽凸

过分宽大凸起的颧骨，会使脸型宽而平，可以用腮红来转移人们的视线，间接地减弱对宽大颧骨的印象。将腮红的位置稍加移动，把颧骨的内侧设为凸起的最高处，涂上腮红色，这样就在颧骨上形成一块新的色彩高光部位，隐去了原来颧骨的位置，将人们的视线引向另一个重点。还要注意不可用圆形的腮红打法，也不可用横向的腮红打法，那样会使颧骨显得更宽。

第六节　化妆与局部的协调

一、局部与局部的协调

以下介绍的是化妆中的常见问题，在实际操作中，要将各局部进行共同比较，有时候遇见的问题往往是矛盾的，既要考虑局部形的标准，也要考虑和其他形的关系，最终还是要从整体关系的协调出发，总体把握，不可教条化。

（一）眉毛与眼睛的距离调整

眉毛与眼睛的关系，好似一幅画与画框的关系。好的画需要相宜的框来衬托才会熠熠生辉。东方女性比较完美的眉毛与眼睛的关系应为：眉毛的中间点与眼睛平视前方时瞳孔的中间点在同一垂直线上。眉毛与眼睛的距离是一个瞳孔大小的距离。眉头与内眼角在同一垂直线上，眉梢的位置在眼尾至鼻翼外侧的斜线上，成45° 左右。双眼的轴连线在脸部的位置如果正好在脸部黄金分割线的位置，那样的比例是最完美的。眼轴连线靠上，脸的下半部长，人显成熟；眼轴连线靠下，脸的下半部短，则会呈现儿童式的脸部比例。眉眼间距太远，或太近，都会影响脸部美感。这些都需要我们通过化妆的技法进行比例调整。

1. 眉眼距离太近

眉眼距离太近容易给人压抑感和紧张感，如果想改变一下，就要用化妆的各种技法，使眉眼部分显得舒展大方。

（1）首先不适合太深或层次太多的眼影描画，这样眉眼间会显得更挤。可以在靠近上睫毛根部处涂深色眼影，然后渐渐向上晕染，加重下眼线和下眼影的层次，从视觉上把眼睛往下移，或者弱化眼影、睫毛的修饰，只描画眼线。

（2）弱化眉的刻画，过浓过粗的眉，会使眼更有压迫感。当然也可以修掉整根眉毛的下半部，在上半部细致地加画眉毛，使整条眉毛的位置抬高，直接拉开眉眼间距。

（3）将化妆重点下移，强调唇部刻画，也就弱化了眉眼的缺点。

2. 眉眼距离太远

眉眼距离太远容易给人清高的感觉，如果眼睛再大些就会给人一直惊讶着的效果，很像儿童的脸。化妆上的调整需要拉近眉眼间距，加强脸部立体感，使人整体上协调。

（1）调整时，可加深眼影、增加眼影的层次或加重眼影的结构，强调睫毛表现，让眉眼之间的部位丰富起来。

（2）修掉整根眉毛的上半部，在下半部细致地加画眉毛，使整条眉毛的位置降低，直接拉近眉眼间距。不过对于额头很长的人不适合这么做，或者调整完眉毛后，再由刘海遮挡长额头。

3. 眼轴连线靠上

眼轴连线靠上，脸的下半部偏长，人显老成。化妆加强脸的下半部分修饰，可施打中心式和横向腮红，降低鼻长度，加重下眼线和下眼影的层次，在视觉上眼睛下移。也可从整体上调整效果，让脸颊不要显得那么空那么长。

4. 眼轴连线靠下

眼轴连线靠下，脸的下半部偏短，人显幼稚。眼下方不作修饰，外眼角外侧斜向上提亮，加强鼻子的立体感，特别是眉头至鼻侧部位的阴影。同时加强脸颊的立体感，腮红斜向施打，让儿童式的脸部成熟起来。

（二）脸部三庭距离的调整

1. 上庭的调整

（1）额头长：额头长有两种情况，一是额头长且脸型长，二是额头长但脸型短。

当额头长且脸型长时，适合在发际线处挑出“童花式”刘海遮挡额头，这样整个脸型也不显得长了。如果没有办法留刘海，就需要在额头上半部到发际线处多修饰些阴影。

当额头长但脸型短时，则适合用斜向刘海遮挡一部分额头，这里刘海要有透气感，同时用抬高整体眉毛的方式调节额头长度会比较合适。当然，额头连接发际线处还是要有一些阴影过渡，让长额头向后退一些。

（2）额头短：额头短也有两种情况，一是额头短但脸型长，二是额头短且脸型短。

当额头短但脸型长时，同样适合用刘海遮挡住发际线和一部分额头，但此时刘海的分挑处要高过发际线，视觉上以为发际线上移了，额头变长了。如果没有办法留刘海的话，用压低整体眉毛的方式调节额头长度会比较合适。

当额头短而脸型短时，最好的方法是重修发际线，我们传统中叫“开脸”，这样额头和脸型都不短了。如果没有办法重修发际线，就应在额头连接发际线处多多提亮，在发鬓角部位多修饰些阴影，使额头视觉上拉长一些。

2. 中庭的调整

中庭的长短主要是鼻部的长短，我们在前面鼻部的修饰里已经讲到过方法了，请参考第四章第三节中各种鼻部的修饰技法。

3. 下庭的调整

（1）鼻唇距离调整：

1 鼻唇距离太近：鼻唇距离太近会给人以撅嘴的感觉。可能是由于鼻子太尖太长，也可能是本身人中部位比较短造成的。修饰方法是在鼻头部位修饰些阴影，人中部位多多提亮，还有把上唇线遮盖掉，重新描绘薄一些的上唇轮廓。

2 鼻唇距离太远：鼻唇距离长会给人感觉聪明而机灵，但是太远就有拉长了脸的效果。可能是上唇太薄，也可能是人中部位比较长造成的。修饰方法是人中部位涂抹阴影，注意不要太深，不然会像留胡子。还有就是加厚上唇，重新描绘唇峰位置，注意比例一定要适中。

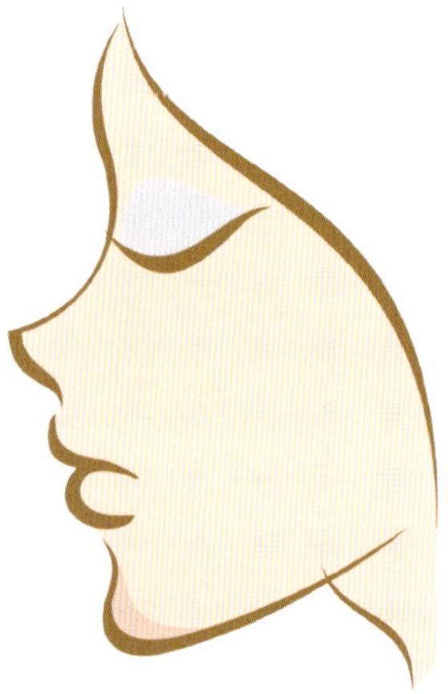

（2）下巴的调整：

1 下巴长：下巴长会显得人很老成，如果想要更年轻靓丽些，需要在下巴的底部延伸到脖子加强阴影的使用。还可以加重颏唇沟的阴影，提亮下巴中央，加强下巴的立体感，立体效果强烈了自然就不显得长了。

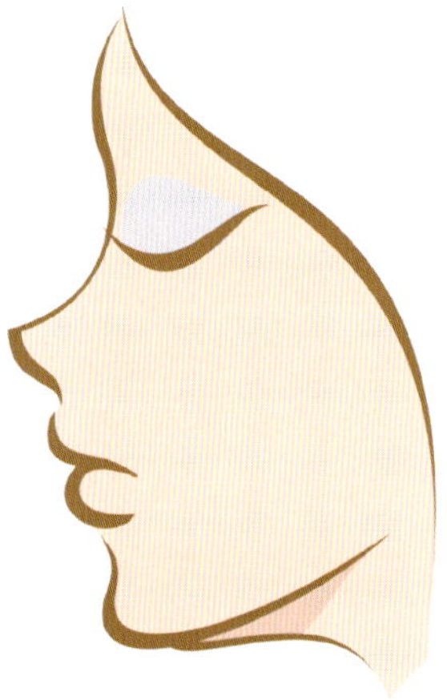

2 双下巴：双下巴圆而长，会显人老，需要在下巴的底部延伸到脖子加强阴影的使用。

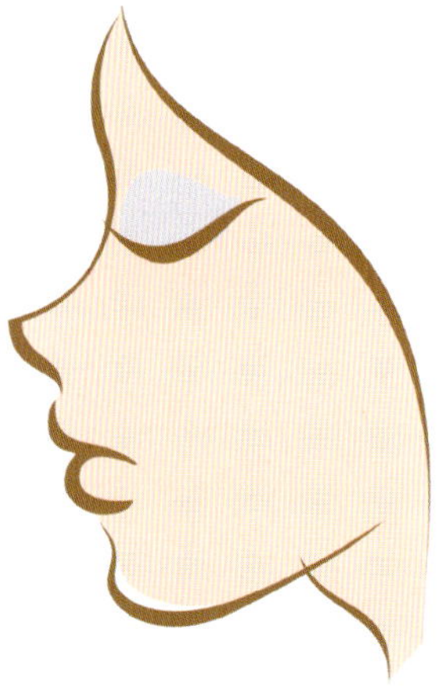

3 下巴短：下巴短会显得人很幼稚，很孩子气，如果想要更成熟稳重一些，需要提亮整个下巴直至脖子，还需在下巴两侧修饰少许阴影。同时，下唇稍薄。

（三）脸部五眼的距离调整

从正面观，左右耳孔之间的距离一般为五只眼睛的距离，完美型的脸部比例为五眼距离相等。但是真实生活中总有不完美之处，当然每种情况都有很多种修饰技法，我们可以选用其中的几种，也可以全部用上，但是整体妆容一定会很浓，所以具体实施时要根据具体情况而定。

1. 两眼距离太近

两只眼睛离得近，有机灵和敏锐之感，但也会在一定程度上造成拘谨、狭隘、严厉的印象。双眼之间应有一只眼宽度的距离，小于这个距离，就会使鼻梁偏窄。

（1）在化眼妆时，要把重点移向外眼角，外眼角处的眼线略向上方延伸，眼睛大的将上下眼线靠近汇合，眼睛小的分离后再汇合，眼影色重点渲染外眼角。但外眼角所做的延伸不能过分，否则会因为外眼角向外扩延而使黑眼珠靠近，看上去像“对眼”。

（2）将外眼角部分的睫毛用睫毛夹夹卷后再涂染睫毛膏，或者条件许可的情况下，在靠近外眼角处粘上一小段假睫毛，效果将更好。如需粘贴整段假睫毛，一定注意把假睫毛往外移一点距离，使睫毛的重点后移，从视觉拉开双眼距离。

（3）画眉毛时，如果眉型合适那就在颜色上淡化眉头，如果眉头较近就要修除一些眉头的眉毛，使两眉间距拉开。

（4）弱化鼻侧影，淡化鼻根处的立体感，让人视觉从两眼之间的最窄处移开。

（5）腮红位置也可稍稍向脸两侧移，红色会转移人的注意力。

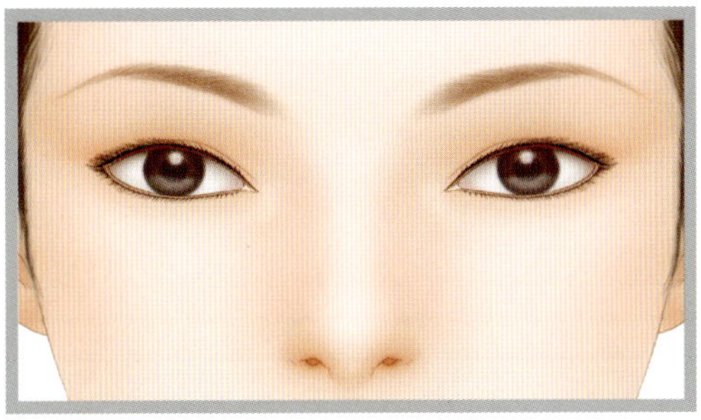

2. 两眼距离太远

两只眼睛之间的距离偏大，会使眉间、鼻梁、内眼角这个脸部的重要地带显得平板、结构松散，而缺乏立体感。

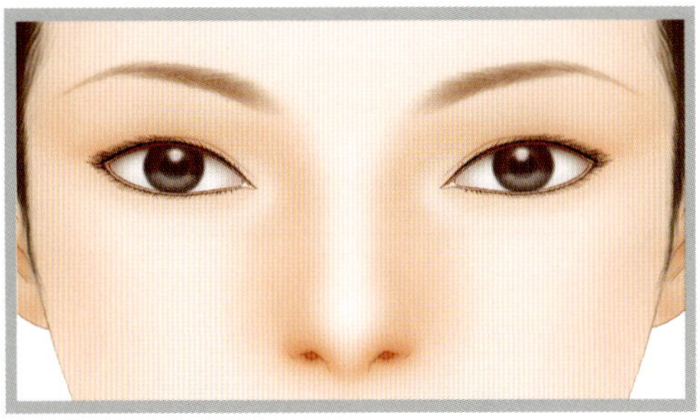

（1）运用色彩的明暗对比来加强凹凸起伏。在鼻梁上涂明亮色，在鼻梁的两侧涂上阴影色；内眼角外侧可提亮。

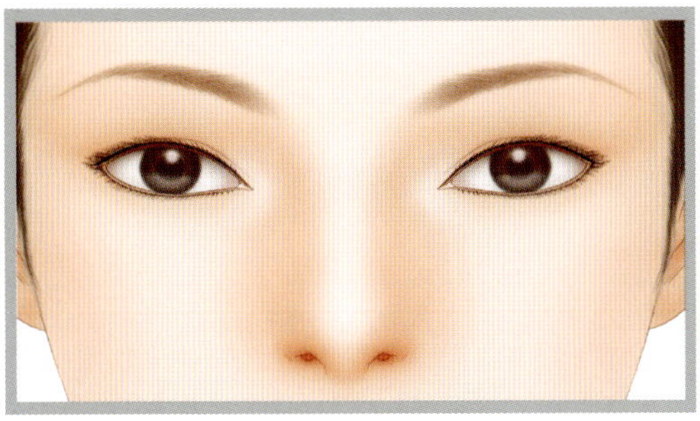

（2）加重内眼角处的眼影晕染，与鼻侧影自然衔接，还可加强眼窝处的结构阴影。

（3）眼线从内眼角往中间拉，外眼角的眼线不要拉长。上眼线描画前重后轻，前浓后淡。

（4）涂睫毛膏时，将重点放在内眼角至中间的部分。如果带假睫毛，注意选择睫毛方向都是朝前方的，不要挑选朝后方的，尽管单独看，眼睛很妩媚，整体却会使两眼间距更开。

（5）眉梢与外眼角的色彩与线条要简单、柔和。对比之下，就会由于内眼角处色彩丰富、明暗对比强，而产生生动的立体感，使比较松散的双眼间距拉短。

（6）腮红位置也可稍向脸部中间移，在两眼下方位置的红色会让人注意力集中。

（7）刘海中间长，有几缕刘海长至眉间，可丰富两眼间距，平衡整体五眼的间距。

3. 大小眼

大小眼有两种情况，一是本身眼睛轮廓存在左右大小不一，二是由于左右双眼皮褶皱的不对称引起的大小不一。

第一种情况，采取不对称的眼线画法矫正，小一些的眼睛参照大一些的眼睛，画较粗的眼线，扩大眼睛轮廓，大一些的眼睛只需紧贴睫毛根部画很细的眼线。还可通过不对称的眼影和假睫毛矫正，小一些的眼睛眼影晕染宽一些，假睫毛贴得高一些。

第二种情况，主要采取粘贴美目贴的方式，较窄的双眼皮参照较宽的双眼皮来粘贴，使两个眼睛基本相同。

二、局部与整体的协调

局部与整体的协调是指对五官及局部修饰与脸型关系，主要是通过对眉型、五官、脸颊等部分的形态与色彩的特别修饰来达到。更要能从理论上、方法上进行系统总结，不硬搬硬套，注意在掌握规律性的同时要依据实际操作中因人因妆遇见的各种复杂问题，灵活运用理论常识，这样才能在实践中才能得心应手。

总的来讲，五官及局部修饰与脸型的协调要注意以下几方面的内容：

（1）对照理想脸型，以椭圆为标准。人的脸型或多或少有些缺点，要仔细、客观分析各种脸型的具体问题，以理想脸型“椭圆脸”的特点为矫正的参考标准。可将椭圆脸型放在各种脸型的内部和外部比较，找出两者之间的差距。

（2）合理利用加减法。加减法的运用是修正脸型时所用方法的精炼、概括。通过化妆的方法，以椭圆脸型为标准对脸廓、五官、眉、腮红等的形态做视觉上的加减处理，从而帮助调整脸型。其实主要是通过线条和色彩的视觉效果作用来改变脸型。

（3）线条的运用。脸廓、五官、眉形都由线条组成，调整各部分的线条，也能对脸型有修正作用。横向线条有拉宽感，纵向线条有拉长感，弧线显柔和，带棱角的线显硬度。如眉的调整，当增加或减少眉的纵向感时，可以调整脸的长度；当增加或减少眉的横向感时，可以调整脸的宽度。又如腮红的调整，改变腮红的斜度，就可调整脸的长度。

（4）色彩的运用。深色、冷色有收敛效果，浅色、暖色有膨胀效果。通过妆色深浅和冷暖效果的改变可以调整脸型。

（5）掌握对比法的运用。在形的大小比例、长短、硬柔等方面合理利用视觉上的对比。当形与形一致时，或完全相反时，这种形的特点都会突出。以五官、局部与脸型的关系为例，五官越小脸大者越显脸大，眉越长倒三角形脸越显尖，五官越圆越会突出圆脸的圆等。所以，通过适当调整五官大小、调整五官及局部的线条、调整脸部色彩冷暖和深浅可以完成脸型的修正。

第四章

化妆与局部的塑造

（一）圆脸型的修饰技巧

圆脸型的特点在于脸宽，局部的协调就要在视觉上设法缩减宽度，拉长脸型。

1. 圆脸型适合的眉型

眉毛的基本形态，应避免水平状，适合双眉上挑，形成眉峰带些棱角感的弧形眉，能增加眉毛与眼睛之间的距离，也可拉长脸型。但圆弧形的线条要有变化，弧形的转折处的位置，要看具体情况而定。

2. 圆脸型适合的眼型

圆脸型如果再配上圆眼睛那就会显得突出。当然想要更成熟妩媚一些的话，就需要拉长眼形轮廓，上眼线带些角度，下眼线加个转角，眼影的重点向后晕染，加重眼部结构，视觉上有突破圆形的效果。

3. 圆脸型适合的鼻型

长鼻子会在视觉上改变圆脸的印象，眉头适当高一点，和鼻侧影融合后使鼻子显长；或者提亮鼻梁时比原来窄一些，也可以有拉长脸型的效果，但是一定要注意把握分寸，如果太过狭窄会和圆脸轮廓形成强烈对比，显得很不自然。

4. 圆脸型适合的唇型

圆脸型如果再配上圆润的嘴唇就会显得脸更胖，建议圆润的唇型改为稍带棱角的唇型。唇峰最高点和唇底不变，从嘴角向上下拉直线，活泼中不乏成熟的女人味。

5. 圆脸型适合的腮红

圆脸型需要将脸型拉长变窄些，又需要硬朗些。在眼睛的下方至颧骨涂上浅色腮红，如肉色、浅棕色等腮红色。尽量把腮红刷竖着扫，会吸引人们的视线往脸部中央移，造成收缩感，减弱圆脸型的宽度。还可以在颧弓下方的凹处选择稍深一些的腮红色，如红棕，棕色等，由这条色带在脸上纵向切割，将人的视线作上下引导，以致产生理想的瘦脸效果。注意这一深一浅两色腮红应是同一色调的。

（二）长脸型的修饰技巧

长脸型的外观特征，是宽度不足，长度有余。局部修饰的要点是注意引导人的视觉走向宽广，避免长条状的形和色。

1. 长脸型适合的眉型

眉毛可以适度拉长，由此而产生的视错觉会使脸型显得宽一些。眉型适合平直宽松的眉毛，根据对象具体情况来做适当的高低调整。眉眼间距比较大的，可以把眉毛的上部修掉一些，再将下部用眉笔精致地添画，以减少眉眼的间距。除非眉眼间距很近，否则尽量不要在长脸上画上挑的细眉，这样的眉型会使脸型显得更长。

2. 长脸型适合的眼型

为了配合拉长的眉毛，眼睛的整体感觉也要往两边走。因此长脸型较适合偏长圆型的眼型，拉长拉宽外眼角部位的眼线，微微上扬，加重加宽外眼睑部位的眼影，使视觉上往两边移。

3. 长脸型适合的鼻型

避免强调整个鼻梁的立体效果，那样会使脸更长。适当弱化鼻侧影，鼻梁在最高处稍做提亮。如果化妆对象是长脸型，又是塌鼻子，那么选择分段式的立体方式，比如提亮鼻根处、加重眼窝处的侧影；或提亮鼻梁处、加重鼻梁处的侧影；或提亮鼻头、加重鼻翼处的侧影，三处不可同时进行。

4. 长脸型适合的唇型

厚唇能适当弱化下巴的长度，因此长脸型适合饱满丰润些的唇型，上唇峰中央V形部位不变，上下唇均加厚些。温柔平凡中增添妩媚、动人的风情。

5. 长脸型适合的腮红

长脸型适合横向的腮红打法，将长脸型进行分割，便能使其改观。即在脸颊部位涂上腮红后，自然过渡至鼻梁，使腮红在脸上形成一个色彩横切面，要注意色彩之间的柔和衔接。如果在鼻尖、下巴甚至额头上也加上适度的浅红色，效果亦不错。

（三）方脸型的修饰技巧

方脸型的外观特征，是棱角太过分明，硬朗有余而温柔不足。局部修饰的要点是注意引导人的视觉走向柔和，避免过硬的线条、块面、明暗转折。

1. 方脸型适合的眉型

方脸型适合利用眉型协调脸部的比例并加强柔和感，眉型不应过分强调棱角，宽大的额部加上棱角分明的眉型，会加重整个脸部的硬度。眉毛的颜色不宜太浓，浓眉会使方脸的人看上去很严肃。柔美的弧度加强的高挑眉型既能缓解额头两侧的棱角感，又显得特别有女人味。

2. 方脸型适合的眼型

方脸型的女性适合又大又圆的眼型，这样既能吸引人视觉不去注意方脸，又可以缓和脸部的棱角感，显得柔美靓丽。加高加宽上眼线中间部位，眼尾不要拉长，直接微微上扬，加重上眼睑褶皱处眼影，渐渐往后晕染。

3 .方脸型适合的鼻型

方脸型适合挺拔立体的鼻型，好与脸型协调。提亮鼻梁，加重鼻侧影以达到立体效果。如果是偏短的方脸型，鼻梁提亮处略微收窄；偏长的方脸型，鼻梁提亮处略微放宽。

4. 方脸型适合的唇型

脸颊的方轮廓线在视觉上和唇部在同一横线上，如果唇型再带棱角，就会感觉整个人太厉害。因此方脸型适合弧度变化很大的唇型，下唇底部中央内陷，形成浅浅的下唇峰。自由开朗中带有纯情浪漫的色彩。

5. 方脸型适合的腮红

方脸型需要使脸型柔和些。腮红的位置要大且是三角形，斜形腮红使脸瘦些，色彩不宜太艳丽，适合偏肤色、中性柔美的腮红色，如桃粉红、橘粉红、珊瑚红等，以打圈的方式涂在颧骨及周围。如想创造冷艳时尚的欧式感觉，则方脸女性最适合用偏冷的深色腮红，如玫瑰红、紫红等，斜扫颧弓下陷，加强立体感。

(四)正三角脸型的修饰技巧

正三角脸型的外观特征，是脸的下半部分太过宽广，并且显得比较肥胖。局部修饰的要点是注意引导人的视觉往脸的上半部分移，避免加重下半部分，比如不适合戴下垂式的耳环和项链。

1. 正三角脸型适合的眉型

可利用眉型的改变来加宽脸的上部比例。眉毛适当向脸廓外缘延长。眉峰的位置略向外移。眉型的总体倾向要有一定的弧度，平而直的眉毛会显得呆板。眉毛要有立体感与层次感。在形式与色彩上都要有变化，做到浓淡相宜，疏密错落，以形成生动活泼的眉型。再配上适合的发型，就会使脸上部显得丰满，从而转移人们对宽大下颌的注意。

2. 正三角脸型适合的眼型

正三角脸型要把人视觉重点向上移，那就需要一双迷人漂亮的眼睛，因此方脸型适合的眼型为平行四边形的眼型。加重加宽上眼线的前半部，柔和得过度变细，眼尾处再起翘，弯曲度非常大，下眼线也带些转折，加重眼窝结构处的眼影。

3. 正三角脸型适合的鼻型

上半部脸的重点已经在眉眼上了，就不要再过分强调鼻根处的修饰了，否则会使本来就窄的上半部脸显得太过拥挤。因此，正三角脸型适合将鼻子的修饰自然些，提亮鼻梁处，略微收窄，适合鼻梁稍窄的鼻子。

4. 正三角脸型适合的唇型

正三角脸型如果再强调嘴唇，会让人更注意到大而胖的脸颊和下巴，所以一定要弱化唇型和唇色，适合现在比较流行的唇色系唇膏和透明唇彩，沉稳中增添随和亲切的魅力。

5. 正三角脸型适合的腮红

正三角脸型需要额头加宽些，脸型立体些。宜选用浅色膨胀腮红，如肉红色、淡桃红色、浅朱红色等，横着扫于额头两侧、太阳穴及颧骨处。选用深色腮红，如红棕、棕色等，涂于颧弓下陷处。

（五）倒三角脸型的修饰技巧

倒三角脸型的外观特征，是柔美不足，尖刻有余。局部修饰的要点是注意引导人的视觉走向柔和，避免硬线条的形状和块面。

1. 倒三角脸型适合的眉型

眉型不应过分强调棱角，宽大的额部加上棱角分明的眉型，会加重整个面部上重下轻的视觉。理想的眉型应该是自然柔和的圆弧形，眉峰略向内移，眉梢若是深色，应变为淡色，并很自然的消失。这样，由两边的眉峰、外眼角和下巴所形成的夹角变小，这就在人的视觉反应上减弱了上大下小的感觉。

2. 倒三角脸型适合的眼型

适合圆润的大眼睛，以缓和脸型的棱角感。加重内眼角处的眼线和眼影，眼影的重点从外眼角向内眼角晕染，把人的视觉往中间移。

3. 倒三角脸型适合的鼻型

加重鼻根处的提亮和眼窝处的侧影，让人不去注意太宽的额头。适合小巧挺拔的鼻型，圆润可爱的鼻头，可缓解尖刻的脸型。

4. 倒三角脸型适合的唇型

倒三角脸型下巴显得特别尖和长，适合下唇底部稍稍加厚可以缓解下巴的感觉。倒三角脸型会给人有些尖刻的感觉，在描画上唇时沿两边嘴角微微上翘，产生微笑的形态，聪明智慧中带有甜美温婉的柔情。

5. 倒三角脸型适合的腮红

倒三角脸型需要额头收窄些，脸颊圆润些。选用深色腮红涂于额头两侧与发际线相连；选择明亮些的腮红，如粉红、橘红、肉红色等，横扫于颧弓下陷处。

（六）菱形脸型的修饰技巧

菱形脸型的外观特征，是颧骨太引人注意，脸部棱角分明，柔美不足。局部修饰的要点是注意引导人的视觉远离颧骨，整体走向柔和，避免硬线条的形状和块面。

1. 菱形脸型适合的眉型

此脸型女性容易让人产生很严厉的感觉，因此眉型应纤细柔和，平缓眉弓，眉毛适当向脸廓外缘拉长，眉峰的位置略向外移。眉型的总体倾向要有一定的弧度，自然的圆弧形最佳。

2. 菱形脸型适合的眼型

适合圆形的眼睛，但是不能太大太夸张，否则配上菱形脸会有瞪眼的厉害感。眼影的重点向中间晕染，或加重内眼角处的眼影，转移人的注意力，而不关注眼睛两侧的高颧骨。

3. 菱形脸型适合的鼻型

适合圆润小巧的鼻型，可缓解棱角感的脸型。鼻子提亮和阴影之间的转折处一定要晕染柔和，过渡自然。

4. 菱形脸型适合的唇型

菱形脸型给人感觉脸小，适合两边嘴角内收、弧度圆润饱满的小嘴。成熟干练中增加古典柔情的韵味。

5. 菱形脸型适合的腮红

菱形脸型需要额头与脸颊都圆润起来，减少棱角感。选用浅色膨胀腮红，如肉红色、淡桃红色、浅朱红色等，横扫额头两侧至发际线，再从颧弓下陷开始斜向下涂至耳根，宜可选深色腮红涂于下巴后陷处。

第四章

化妆与局部的塑造

思考与练习

1. 修饰与改变五官的技法有哪些?
2. 局部与整体协调的修饰技法有哪些?
3. 眼影的修饰技法有哪些?
4. 利用色彩/光影进行面部整体协调的修饰技法有哪些?
5. 在纸上练习各种眉毛。

不同眉型练习（请参考范例）

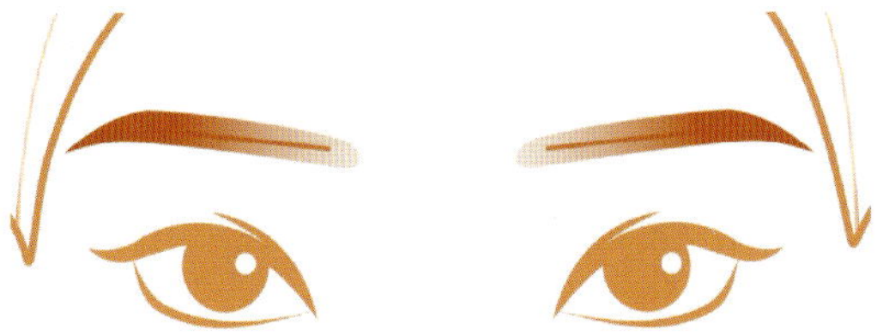

范例

眼影练习（请参考范例）

范例

眼线练习（请参考范例）

范例

不同脸型与眉型的搭配练习（请参考范例）

范例

不同眼睛与眉型的搭配练习（请参考范例）

范例

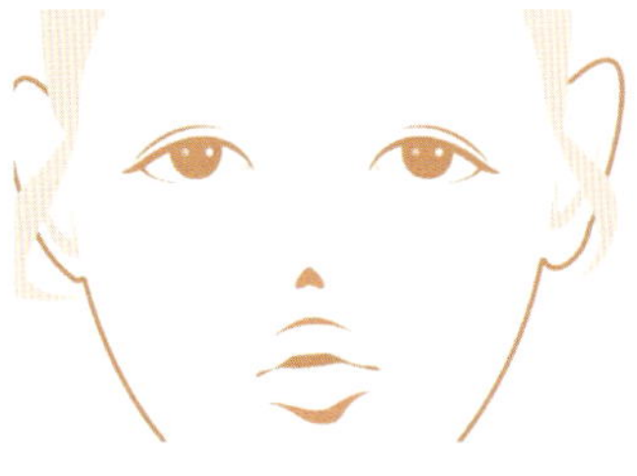

第五章
化妆与年龄特征的塑造

课题名称：化妆与年龄特征的塑造

课题内容：年龄的外貌特征及本色年龄妆、增加年龄妆的化妆技法

课题时间：40课时

教学目的：了解老年妆、中年妆的结构与肌肉松弛状态，掌握年龄妆的化妆技法。

教学方式：讲述理论知识并配合多媒体教学；教师用实验来证实理论的客观性。

课前（后）准备：中年、老年男女图片收集及化妆材料和化妆工具。

第五章
化妆与年龄特征的塑造

第一节　年龄的外貌特征

人的年龄变化在外貌特征上表现最明显的是体态和脸部的变化。从儿童至少年再到青年身高变化最大，从青年至中年再到老年，身高的变化不明显，主要的改变在于体形。而脸部的变化在人的每个年龄段都非常明显。当然年龄的外貌特征也受到遗传因素和后天保养的影响。

一、儿童及青少年时期

从骨骼上来看，儿童及青少年时期骨骼圆润、骨点不明显。面部看不到眉弓，鼻骨也较小，加之面颊脂肪丰厚，所以看上去是圆额头、圆脸、翘鼻子、翘嘴。儿童及青少年脑颅部分较大，面颅部分较小，随着年龄的增长，面颅越来越大。儿童及青少年脸部五官相对比较紧凑，脸部各部分的比例与成人有所不同，在于由上至下逐步缩短，成人眼睛在面部中间，儿童及青少年眉毛在面部中间，下巴较短，下嘴唇位于下庭中间。

二、青年时期

随着年龄的增长，头部骨骼比例开始发生变化，脸部逐渐变大，五官开始展开，成年人的眼睛处于头面部的二分之一处。青年阶段处于生理发育的最高峰，虽然个体之间有差别，但是从总体上来看，青年人呈现在外表上的形态是健康、丰满、美丽的。具有以下一些特征：皮肤红润，富有弹性和光泽；头发数量多，发质好，浓密有形；身体挺直，身材匀称。脸廓紧致，脸部肌肉饱满，小结构不明显。眉眼有神采。嘴型轮廓清晰，唇色红润健康。

三、中年时期

中年是人生中一个比较长的阶段。从35~65岁都可以称之为中年，35~40岁是中年早期，60~65岁是中年晚期。在中年期内，人的变化是最显著的，尤其是中年后期基本上就开始出现老年的状态了。中年人的脸部往往会有以下一些特点：

1.皮肤

到了中年期，骨骼结构不再发生大的变化，改变的是肌肉和皮肤。此时皮肤的水分开始流失，皮肤开始变厚。皮肤出现褶皱，脸部肤色有所变化。经常在室外活动的人，由于日晒雨淋，皮肤显出整体的日晒的红润；经常在室内的工作人员，到了这个年龄，皮肤缺少血色。和年轻时相比，中年人的皮肤弹性开始减弱，光泽度不明显，有的甚至会出现色斑。在眼睛周围和额头处皱纹出现，逐渐增多、加深。

2.脸型

许多人到了中年以后会开始发胖，这样的变化在脸部也会显现。最明显的变化是脸型感觉大了。颧骨下端和下巴处因脂肪填充而变大，所以脸形有所改变。

3.结构

面部一些肌肉开始松弛，眼、嘴、颌、鼻、额等处肌肉变松后出现的小结构日渐明显。胖的人，下眼睑、鼻唇沟、腮部、颌部、口角处开始出现赘肉，日渐明显。瘦的人，骨骼的凹凸起伏明显。

4.五官

由于表情活动频繁以及外界气候等因素的影响，加上生理上新陈代谢的原因，五官会发生变化。如眼袋明显、眼晕加深、眼皮略有松弛、眼角下垂、眼窝凹陷等。还表现在鼻唇沟明显、唇廓不清、嘴角下挂、嘴角纹出现等。

5.头发

毛发也开始起变化，表现症状虽然因人而异，但是从一般规律来看，随着年龄的增长，头发的质和量都会发生变化。头发开始变稀、变干、变软、发黄，并逐渐出现白发。由于遗传等因素，有的人出现白发的时间比较晚，甚至到了老年也只有很少量的一些白发，但是大多数人会在中年开始有白发。有的从鬓角开始，有的从前额开始。一般规律是前面先白，然后向头的中部和后部发展，逐步出现灰白色至全白期的老年阶段。

有一点要注意的是，虽然人到中年容貌出现衰老，但中年独有的稳重、高雅、成熟魅力却是青年人所无法比拟的。而且随着生活水平的提高，现代人的衰老普遍开始推迟，由于保养和装扮等各种因素，许多中年人在生理上和外表上都很少有老化的感觉。加上中年时期年龄跨度是很大的，外表的形象也会有很大的不同。在化妆造型时，我们应该根据具体情况做妆型定位。

四、老年时期

到了老年阶段，老人由于机体衰老而皮肉松弛，皮肤粗糙、皱纹丛生。皮下脂肪减少，肤色变深或变灰。随着年龄的增长下眼睑会逐步出现泪囊下垂，鼻唇沟、眼尾纹逐渐明显，眼窝逐渐下凹。除了脸上有明显的皱纹以外，由于牙床的萎缩，使脸部变短。结构方面整个头部的骨形随之越来越明显。瘦老人骨骼有很显著凹凸，胖老人肌肉松弛下垂，在眼窝、颧骨等处也会因肌肉的萎缩、变松而出现骨骼的微凹结构。须发变白或者稀少脱落。岁月留给人类的还有衰老的体形、脱落的牙齿、蹒跚的步伐等。

当然，以上这些特征只是不同年龄人所具有的共性外貌特征。在生活中由于遗传、健康状况、生活环境、经济水平等各种各样的原因，使得人与人之间有着很大的个体差别。特别是在角色人物化妆中，我们所要塑造的角色是赋予了以上所有这些特征，又具有一定典型性和代表性的艺术形象，就不能完全套用上面这些特征。比如要考虑性别、地域、性格、身份、时代、种族等综合因素的差别。因此，将来当我们设计与化妆体现角色形象的时候，除了要表现他们的年龄特征外，更应该注重刻画角色的人物特征。

第二节　本色年龄妆的化妆技法

年龄妆包括适应不同年龄的本色化妆以及改变年龄的化妆两方面。不同年龄应具有不同的化妆定位，一般说，生活中不同年龄的人，希望通过化妆达到符合年龄段的自然得体的效果，虽然也有希望变年轻或成熟，但原则是自然而适度。而改变年龄的化妆是一种与实际年龄相反的化妆，在角色化妆中常常使用改变年龄的化妆技法，依据扮演角色的需要将演员扮小或扮老，通过化妆增加或减少人的外表年龄，化妆成不同年龄的人物。

美的形象是丰富多彩的，对不同年龄人的本色化妆修饰，关键要掌握各年龄段人所拥有的气质与内涵。儿童的活泼、青年人的知性、中年人的成熟、老年人的慈祥，都有其特点，因此，也就有了不同的表现形式，互相不可替代。当然，对女性来讲,通过化妆展示“美之精华”的空间要比男性大得多，在生活和演艺中,不同年龄的女性可以运用多样的化妆手段展示和补充自然赋予的容貌美，塑造各种美的形象。而不同年龄的男性在展示自身形象美的时候，主要以化妆对象本貌为基础。

本单元的学习注重妆型与技法的配合，是前部分学习的一个总结。所以，要加强造型能力的培训，进行大量的操作练习。要依据妆型需求，仔细考虑变通，如妆的浓淡、用色选择等，绝对要避免只局限于课堂老师的示范妆面的程式化学习。

一、儿童的化妆

儿童妆有这样一个普遍“规律”——越小越“淡”，最好不化。绝大多数情况下，三周岁以下的小孩不需要化妆。这个年龄段的孩子，皮肤细腻娇嫩，白里透红，化妆则显得矫揉造作。而且，年龄太小的孩子，皮肤十分脆弱，很容易引起皮肤过敏。儿童一般不提倡化妆，假使要上台表演，或一些特殊场合需要化妆时，儿童妆以抓住儿童的“天真可爱”，不失真为原则，化妆修饰忌用成人的化妆技法浓妆艳抹，只要点到为止，略加修饰即可。男孩妆在多数情况下，较女孩妆淡。还有一点非常重要，儿童使用的化妆品对质量有更高的要求。一定要注意安全性，最好是天然成分的，才不会损害儿童幼嫩的皮肤。

（一）皮肤修饰

粉底尽量要薄，否则会显得成人化。如果肤色可以，脸上又没有什么缺憾，就不要再打粉底。

（二）眼部修饰

眼影的颜色可用粉红色等柔和的色彩，界限要模糊，不可太硬。大眼睛、眼神也够生动的小孩，眼部化妆要淡，否则会造成不必要的夸张。

（三）眉的修饰

眉毛不要过多的加工修理，若是眉毛稀疏或较淡，可将眉毛稍加刷浓即可，突出儿童的自然美。

（四）脸颊的修饰

脸颊用粉嫩的腮红，淡刷几下即可。

（五）唇的修饰

忌用鲜艳的色彩，也不必刻意地去描绘唇型，色彩应选用能表现自然红润唇色的色调。否则会失去童真。

第五章
化妆与年龄特征的塑造

二、青少年的化妆

青春、活力是青少年化妆的要求。妆容的特点在于展示、突显这一年龄段的年轻朝气。技巧上，应清淡自然、似有若无，切忌浓妆艳抹、失去自然美。一般在演出、摄影等特定需求下适合化妆。

（一）皮肤修饰

由于青少年的皮肤细腻、娇嫩、有弹性和光泽，脸型圆而饱满。涂上一层薄薄的透明粉底，用少量透明蜜粉定妆，强调自然天成之美。

（二）眼部修饰

画细眼线后晕开，眼型圆而大，薄施柔和色系眼影。少女妆睫毛上可涂自然黑色睫毛膏，下睫毛的涂染更可强调明亮的双眼。

（三）眉的修饰

不刻意修正与装饰，保持原有秀气，如眉型不理想只需除去零乱或过多眉毛，若眉太稀疏，可用褐色眉笔或眉粉添补。

（四）脸颊的修饰

少女妆双颊扫以淡淡的粉红或橙色腮红，以表现出丰润鲜嫩、活泼的容颜和甜美可爱的圆脸型。少男则可用肉红色表现健康感。

（五）唇的修饰

少女涂上粉红色、橙色等富有明朗色彩的唇膏或唇彩进行点缀。少男用自然色或润唇膏即可。

三、青年人的化妆

智慧、健康、青春是青年人的化妆要求。因为这时他们身上既保持着少年时的青春，又因生活、学习、工作的经历，添加了几分雅致的成熟之美。具体操作时，则应视容貌不同情况强调优点、掩饰缺点。特别注意依据化妆对象不同长相和气质特点，把握年龄本色是重点。这一年龄段的都市女性往往通过化妆展示对美的追求，因而要表现出青年女性超凡脱俗的气质和风度，需掌握化妆的技巧。化妆的原则是:白天讲究化妆的整体淡雅，晚间则可稍微浓重一些。配色要用同系色彩，保持颜色和谐。男性一般在演出、上镜等特定需求下选择化妆，目前也有少数时尚男士在生活中会有化妆习惯，男性化妆的技巧比女性更讲究、更细致。女性的妆化得浓一点不至于有反效果，但男生稍微化得有偏差就会弄巧成拙，破坏形象。

青年女性的化妆余地很大，可以根据对象自身条件和独特气质，把握优点、展示个性美。但要注意：美的表现不是一概而论，要有时代性和个性特点，要把握好尺寸灵活处理，应重在展现其青春雅致、成熟之美的风姿。

（一）皮肤修饰

依季节和皮肤选粉底，可用接近肤色的粉底液和两用粉饼，稍有遮盖性。定妆粉则应是透明或和粉底色一致的，可令皮肤色泽更柔和自然。男妆通常要选与肤色相近或稍深的，常选棕色系。

（二）眼部修饰

眼部修饰是重点。女妆可精心修饰眼影、眼线、睫毛，使眼部更为生动、明亮、迷人。眼影依肤色、服装色等合理搭配，但注意“淡妆”效果，选偏灰、偏粉色系，展现透明亮丽的眼睛。可涂有拉长、增密效果的黑色或棕色睫毛膏，强调明亮的双眼。男妆可用棕色、黑色、灰色眼线笔自然勾画眼线，少量棕色眼影可使眼部立体。睫毛要理顺，可以适当使用睫毛膏定型。遮盖眼袋、黑眼圈也很重要。

（三）眉的修饰

配合发色画出柔和的眉毛。男性的眉毛大多比较浓密，画眉时多采用修补的手法，让眉毛看起来均匀平整。

（四）脸颊的修饰

女妆中，中心腮红有活泼感，斜打腮红突出知性感，注意与整体妆色的配合。男妆多用棕色、棕红色、斜打腮红，表现自然效果。

（五）唇的修饰

女妆选健康、自然、有滋润效果的口红，自然画出完美唇型，轻抹上色，唇色若隐若现是重点。男妆一般涂润唇膏，如果唇色不好的可以涂棕红色、肉红色唇膏，切忌太红太亮。

四、中年人的化妆

以表现端庄、稳重的妆容为中年人化妆的宗旨。大方的妆容配合色彩漂亮、款式新颖的服装，加上潇洒的发型，中年人就更显得神采奕奕，也保持了独特的青春活力。

由于中年正是保青春、延缓衰老的关键时期。这一时期的女性除要特别注意皮肤的保养外，还应借助化妆留住青春。因而中年女性的化妆重在掩饰。通过着意刻画优美的线条和轮廓的装扮，使中年妇女在保持典雅气质的基础上，突出自然、优雅之感。男妆与青年时期大致相同，重在精神面貌的体现。

（一）皮肤修饰

选稍暗粉底，沿皱纹伸展方向均匀涂薄，垂直涂会使皱纹更明显。为掩饰皱纹，需降低皮肤亮度，用质好的蜜粉扑面。稍用影色自然修脸廓提升脸型。在修饰脸部皮肤时也可以遮盖眼袋。

（二）眼部修饰

勾画眼线，强调眼神和矫正下垂眼型，必要时可粘美目贴将下垂眼皮贴上去。女妆可施以棕色、棕红、紫灰、蓝灰等偏灰色眼影，涂刷有增长增密效果的黑色睫毛膏。

（三）眉的修饰

画眉时以棕色打底，后用灰或黑加强重点，使眉毛显得挺拔有立体感。

（四）脸颊的修饰

腮红与肤色不要区分的太明显，斜向施打。

（五）唇的修饰

女妆施以棕红色、自然红、偏灰的玫红等中性红唇膏。男妆用色重在增加健康感。

五、老年人的化妆

老年人的化妆，应该根据老年人的面容特征，采用简单可行的化妆方法使其容光焕发。步入老年行列后，形体、容貌、精神状态都会有明显的改变。可借助巧妙的化妆技巧来适当美化，展现“黄昏”之美。

老年人在穿衣时，色彩、款式要庄重大方，又要有时代感。最好将皱纹较多、肌肉松弛的颈部掩饰住。同时，将花白的头发染黑，能显得年轻。有时保留满头华发，也别有风采。如头发脱落稀疏，可以烫发吹风，让发型蓬松丰满。也可选择佩戴合适的假发套。

（一）皮肤修饰

应选用接近自然肤色、偏油性的粉底，过深或过浅色调的粉底反而会使皱纹更为显眼。

（二）眼部修饰

眼影不可选用油质的或带有闪光的，会使眼部油腻无神而显浮肿。眼线顺畅清晰，可让化妆对象睁着眼来画。睫毛自然修饰，增加眼神。

（三）眉的修饰

可将眉毛稍稍描一下，改变眉毛稀少而造成的老态。

（四）脸颊的修饰

适当涂些腮红，可营造健康之美。

（五）唇的修饰

女妆选用柔和自然的颜色，有时搭配服装色彩可用艳色口红，特别有神采。男妆用色还是强调自然健康感。

第五章
化妆与年龄特征的塑造

第三节　增加年龄妆的化妆技法

增加年龄化妆的两种情况：

1.中年人化妆成老年人

50岁以上演员往年长方向描画，可充分利用演员本身已经显现的老年特征进行勾画，如肌肉松弛、骨骼明显、皮肤粗糙、光泽黯淡、色素变深、皱纹多且明显等特征为描画基础，进行强化表现即可。只要在底色上暗一些，面部结构上加强一些，皱纹描画的清楚一些，再加上头发的处理（粘贴假头套，头发染色，发式的变化），假胡子和眉毛的利用，使中年人变成老人也不会太费气力，而且收效甚好。

2.青年人化妆成中老年人

青年人化妆成中老年人难度较大，首先要看演员和角色之间的主要差别是什么。需要掌握更多的化妆技巧，才能在充满青春活力的面部，造就暗淡的肤色、凹凸分明的结构、象征经历及性格的皱纹、夸张毛发等外貌的变化，把由于年龄形成的生理距离逐渐拉近。这样的化妆造型完全用绘画化妆的方法有时是很难完美地表现出来的，必要时往往需要我们运用立体化妆和绘画化妆相结合的方法来造型，用塑型方法制作面部的某些部位，粘贴上去。

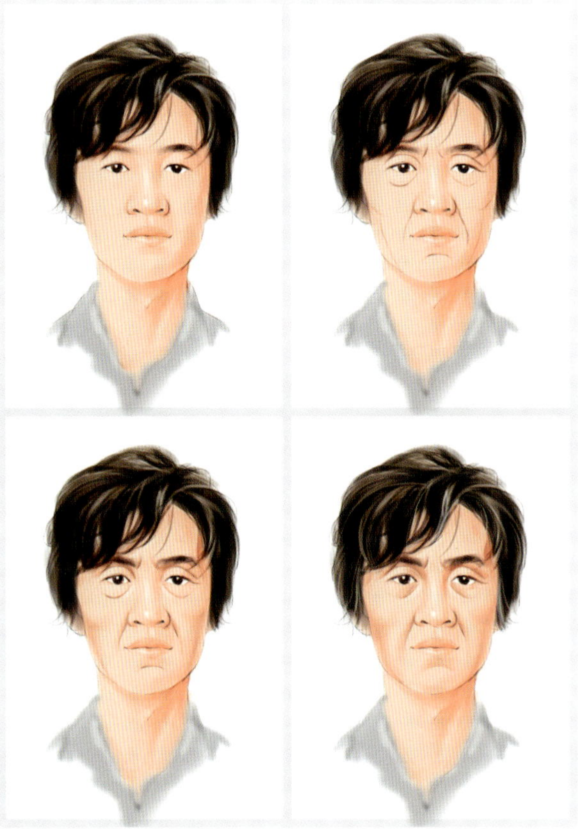

一、表现中年的化妆技法

中年妆是一种既丰富又复杂的化妆。这种妆，往前靠一些就是青年妆，往后靠一些就是老年妆，一般说可以借助化青年妆的一些手法，然后用明暗色对比的方法强调一下结构。

表现中年时期的角色形象除了生理形态之外，最主要的是应该根据剧本的提示要求、导演的构思处理、演员的实际条件、角色的造型需要进行处理。尤其是在舞台和影视中妆面的要求有所不同，那么，首先就是要在整体的设计上考虑视觉效果。借助比较合适的服装、发型进行人物造型，从某种程度上看，服装、发型选择的成功与否，对人物的塑造是至关重要的。一是因为服装与发型，符合特征都十分明显；二是服装与发型的形态与风格特色容易体现，对脸形、身形的影响以及对角色的性格塑造的影响都很显著。所以，青年人化妆成中年人，要有整体造型的观念，只把重点放在化妆细节上，面部描画再完美也不会取得好的效果。具体方法是：

第五章

化妆与年龄特征的塑造

（一）皮肤的表现

对于角色化妆来说，皮肤所占的面积比较大，首先在脸部造型上打下一个比较好的基础，有利于下一步对五官形象的塑造与刻画。皮肤的化妆要根据角色的实际情况来确定，40多岁的中年人和60多岁老年人以及20多岁的青年人在肤色和肤质上是不一样的。生理的变化是我们在化妆中的参考，同时，角色人物的身份和所处的生活环境在皮肤上的体现要表现出来。比如，一个中年渔夫与一个中年知识分子由于生活环境的不同，前者的肤色黑里透红、肤质较粗，而后者如果是长期生活在大城市以及室内，那么肤色自然或偏白、肤质较细。当然，这也不是绝对的，如遗传、健康等原因也会出现例外。但是环境对皮肤的影响，尤其是色彩和质地的影响应该在化妆中表现出来。青年人皮肤光滑没有皱纹，而中年人的皱纹并不像老年人那样明显，较好的方法是采取渲染法，使皮肤显得粗糙、肤色不匀。描画的程度加大、加重，则年龄感进一步加大。男性打底色要偏棕一些，或用重底薄打的方法。女性的底色偏黄一些。在女妆中，如强调修饰性特点，底色可以选浅淡一些。

（二）结构的表现

结构的变化最容易看出外表的变化。人的骨骼与肌肉结构会随着年龄的变化而发生微妙和明显的变化。比如，在儿童时期至青年时期，肌肉与脂肪的饱满以及皮肤的紧绷，掩盖了骨骼的起伏，使整个脸部皮肤饱满，小结构不明显，没有起伏变化。但是到了中年之后，面部一些肌肉开始松弛，或胖或瘦结构都较青年时有了变化。

（1）下眼袋和鼻唇沟是重点表现的结构。下眼袋是画出眼睛下方脂肪下垂的状态，可以根据角色年龄的需要来画出眼袋的大小和深浅。 画法是用小笔，由内眼角向下用小弧线向外描画，起笔重、收笔轻，然后按结构向上揉开。最后在阴影色的下面用亮色加以陪衬。

（2）随着年龄的增长，鼻子两侧的鼻唇沟会显现出来，要根据角色的年龄和身份需要来画出这个部位的结构。鼻唇沟的画法是按鼻唇沟的结构往下画，起笔先轻后重，收笔要轻，淡、细，然后接着结构揉开。最后在过渡色里加亮色提亮，表现下坠突出感。在阴影色的下面用亮色加以陪衬。

（3）下颏的结构变化也比较明显，画下颏的方法，是用影色笔在唇部正中的下方凹陷位置重画一笔，然后分左右向下向外成小弧状轻提，按结构揉开，最后在暗色的下面用亮色陪衬，最后在颏隆起部用点亮色，使颏隆起更加突出。

（4）如果是中年消瘦者，那么脸上的骨骼凹凸变得清晰。额丘、眉弓、颧骨、眼眶、下颌骨等突起的部位以及额沟、眼窝、面颊窝、颞窝等凹陷的部位都会显现出来，人看起来显苍老。所以当角色造型需要塑造很瘦的中年人，在涂上底色之后就要把脸上的这些结构画出来。用比底色亮的色彩表现突起的结构，用比底色深一些的颜色表现凹陷的部位。特别要注意深浅颜色之间的衔接，注意明暗对比要协调。

（5）如果是中年发福者，化妆胖的中年人就要突出脂肪堆积产生的起伏感和松弛的肌肉状态。因为胖人脸上的脂肪一般堆积在脸颊和下颏处，而且由于人到中年皮肤肌肉的变松，使脸廓变松，双下巴、鼻唇沟、嘴角等处的结构下坠明显。化妆就需要把这些由于脂肪形成的外表结构变化表现出来，色块、线条的弧度加大一些。注意结合绘画手法，过渡柔和、强调主次、把握质感。

（三）五官及局部的表现

表现中年早期化妆的时候，可以借助于化青年妆的一些手法，男子的眉要出型，棱角分明，性格感强烈；眼睛用色简单，但要出神。女子的眉毛线条要柔，另外，如果要强调修饰感，眼睛或画得明亮柔和，或突出复杂变化的人工痕迹。不需要把许多老年人的特征表现出来，比如皱纹等。但在性格、年龄感觉、气质、风度的个性化上区分明显。当要表现明显的中年特征时，在描绘生理结构的变化同时，五官和眉等局部也要跟着变化，适度表现中年衰老特征，但不要有过分修饰的化法。

（1）眉梢可以往下梳，外眼角略向下垂画，睫毛与眼线也不要过分强调，眼睛不像年轻人那么有神采地描画。

（2）眉间出现结构，尤其是表现性格忧郁、喜欢皱眉的角色，可以适当加强这个部分的结构表现。画法是：由眉头底下，眼眶内顺结构用影色画出，起笔重，收笔轻，再用亮色提亮眉弓。

（3）鼻侧，如果想画胖一些，鼻侧影就打浅一些，短一些。想画瘦一些，就把阴影打得深一些，长一些。

（4）如果是瘦的中年人，把眼睛的眶上缘用亮色强调，把眼窝用偏深一些的颜色刻画出来，就很容易使角色出现年龄感。

（5）嘴和嘴角。嘴的轮廓线不要过分明显，型应是松散的。嘴角部位，微有下挂，可用小笔刻画。两嘴角下边微下坠的小结构，这个特征也是此年龄段所特有的，所以也要画出来。画法是：用阴影色笔在唇角处起笔，向下稍向外弯拉小弧度，渐淡收笔，再用笔按结构揉匀，然后在暗色的里面用亮色加以陪衬。

（四）发型的配合

中年人的发型也和其他年龄层次的人一样，并不具有统一的模式，而在发型设计中重点考虑角色的需要。比如演员扮演的角色是什么时代的，在什么样的环境中生活，什么样的社会地位和经济地位等。发型最容易体现人物的年龄和气质。可以用假发套制造年龄效果或用花白的发片增加年龄感。无论是哪种技法，都需要平时在生活中的细致观察和生活经验的积累。

二、表现老年的化妆技法

老年人的外观特征有共性，但表现老的形态也是有差异的。化妆时应该根据角色的具体情况来确定方案。如角色的身份和其他诸多因素的影响等，同样是老年人，性别、胖瘦、生活环境、性格等的差别使不同的老年人会有很大的衰老外观差异。需认真观察，在化妆手法上有所取舍。同时，演艺方式、演出场所及照明条件也是化妆时必须考虑的问题。具体方法是：

（一）皮肤的表现

老年人的皮肤有出现光泽少、弹性差、色泽枯黄灰白等现象的共性变化。往老年方向描画的技法中，老年人的皱纹、色素沉淀和老年斑等细节是描画的重点。如果需要往苍老的方向描画，可采用塑性化妆吹皱法及零配件塑造苍老效果。老年妆的底色，要根据结构来涂，在化妆的第一步就紧紧地围绕着结构来表现，会给化妆打下一个很不错的基础。一般情况下，老年妆的底色，可以作为肤色的基调，在这个基础上再定出阴影色和高光色。皱纹、老年斑等细节可在结构画完后体现。

（二）结构的表现

初学化妆，必须先掌握老年人面部结构规律，借助绘画化妆方法，多多练习。避免只重视如何画皱纹，一脸线条，却像带了假面具。面部结构的画法在中年结构基础上再加强，分三步刻画。

（1）先勾勒出脸部大的凹凸结构，在打完底色之后，用棕色线条把老人脸部主要的凹陷结构勾画出来。如眼窝、颞窝、颧弓下陷、颊窝、颏唇沟等。

（2）再用亮于底色的颜色点出脸部的突起结构，如额丘、眉弓、眶上缘、颞线、颧丘、鼻骨、下颏隆突等。这样勾画之后，已经能使人物的老态明显地显现出来，为下一步的细致刻画打下良好的基础。

（3）最后是过渡。把暗部和亮部很好地柔和起来，形成自然的过渡和色彩衔接。因为脸上有骨骼和肌肉，有脂肪和皮肤，明暗和转折不能很生硬，必须要用色彩将深色与浅色按照生理结构自然过渡，这样的表现才能使凹凸起伏准确、真实。

（三）脸部主要皱纹的表现

在各种情绪的影响下，人的面部肌肉主要是表情肌会发生收缩现象，并牵动皮肤，顺着肌肉的纹路，脸上会出现皱纹。这样就形成了与某种感情相适应的表情。感情的变化可以引起每块肌肉的活动，肌肉的运动又会频繁皱纹的出现。比如，人在愉快的时候，颧骨部位的肌肉收缩，并牵动嘴角上咧，外眼角就自然出现了皱纹，我们称之为“鱼尾纹”。又如，当惊讶的时候，额肌收缩，眉头上抬，额头上便出现了“抬头纹”。当情绪紧张或焦虑烦躁时，降眉间肌收缩，将两条眉毛引向中间，于是便形成川形的“眉间纹”。这些频繁活动的表情，在年轻的时候，只有当面部表情活动的时候才会出现的皱纹（平静时就消失了），到老年时就永久地固定下来了。

因为人上了年纪之后，生理功能日渐衰退，肌肉的弹力消失，所以，皱纹是老年形象的主要特征之一，也是化老年妆的主要表现手段。可见，皱纹的形态有生理性的、遗传的因素，但是也有许多表情的因素。比如同样是六七十岁的老人，一个常年生活在环境艰苦的黄土高原，一个则生活在舒适优雅的大城市，那么，这种环境上的巨大差别就会在两位老人的脸上留下不一样的痕迹。前者因为风沙迫使人眯眼、皱眉、扬眉，长年累月，便在人的脸上留下了深刻的印记，必定有深深的抬头纹和鱼尾纹。而后者，只是由于生理功能的衰老而在脸上形成皱纹，环境因素则少得多。因此，我们在画皱纹时，首先要从角色的具体实际出发，不能在脸上堆砌生理现象。瘦老人、胖老人、男性老人、女性老人，不同年龄、不同职业、不同身份、不同环境、甚至不同的体质等，都会形成皱纹的深浅和形态之差异。

脸上的皱纹有主次、虚实、深浅变化，在化妆的时候，一部分要画得清楚些，另一部分可以处理得虚一些。我们大致可以把皱纹分成三类，一般来说，第一类皱纹最深，第二类次深，第三类最细小。

1.第一类

（1）鼻唇沟：起于鼻翼延伸到嘴角的一条沟形结构纹。

（2）眉间纹：双眉之间，从眼窝鼻根部画起，向上作弯形，越往上越淡，约两三根。

（3）疲劳纹：眼睛下面的从内眼角至外眼角方向呈半椭圆形的一条结构纹。

2.第二类

（1）额纹：即抬头纹，是一组中间深、两头淡，中间低、两侧高，又弯向眉梢的波状皱纹，一般是三四根，由于在额沟处，一般弱化额沟。

（2）脸颊纹：是在颊沟附近的中间深两头淡的两三条纵向皱纹，瘦人较明显。

（3）嘴角纹：嘴两边自然下垂的细纹。

3.第三类

（1）眼角纹：鱼尾纹，是一组在外眼角处的略呈放射状的皱纹，以眼裂为界，上边向上弯，下边向下弯。

（2）鼻梁纹：是一组靠内眼角的鼻侧斜向鼻头延伸的细纹。

（3）鼻根纹：眉间下面鼻根处一组横向小皱纹。

（4）嘴唇纹：是围绕在唇部呈放射状的一组皱纹。

（5）小细纹：是衰老到一定程度形成的琐碎皱纹，密布整个脸部。

这里所列举的只是一些常见的皱纹。如果仔细去观察老年人的脸，还会看到许多不同形式的皱纹。但在舞台上，没有必要把所有这些皱纹画得太多，否则远看就连成了一片，显得很脏，反而看不出是皱纹了。比如有些人尽管额头上长满了皱纹，皱纹很细、很密，在化妆的时候只要刻画出主要的几条就可以了，没有必要在额头上画很多皱纹。但影视化妆则要表现真实感，化妆技法是不同的。

化妆师在工作的时候，常常会在年轻的演员脸上化老年形象，这会有很大的难度，可以让演员配合做出相应的表情。比如，抬起眉头时会出现抬头纹；一挤眉毛，眉间纹就形成了；一眯眼睛，眼下的疲劳纹及细小的鱼尾纹就出来了。

皱纹的形态是和面部骨骼的结构相适应的，不能画成单纯的竖、直、横、斜等线条，而要画出符合结构的高低起伏的线条。只有符合生理结构的线条，才会产生真实感。同时，画皱纹的线条不能从头到尾一般粗，脸部的皱纹刻画所表现的光源要统一。

皱纹的表现方法大致如下：

（1）用深色（深色的程度由底色的深浅而定）勾画出皱纹的部位，这一步骤很重要，因为部位的准确和线条的形状都会影响到人物的整体形象。而这个深色的线条也是作为皱纹本身的深色层面。

（2）用中间色画出皱纹的过渡层面，使皱纹有立体感。粗皱纹的过渡面宽些，特别细的皱纹可直接用深浅色表现。

（3）用浅色画出皱纹的亮色层面，高光的色彩要和底色相协调。高光向中间色的过渡要有渐变的层次。

（四）五官及局部的表现

老年人的眉眼等特征也要一一表现出来。老年女子的眉要弱化处理，一般用遮盖的办法。老年男子的眉要散些，眉梢处会有寿眉出现，所以眉可以倒梳，染成花白或白色。眼睛的画法是内眼角稍高于本来结构，外眼角往下拉一些，使眼有下挂感。嘴廓要画松散，可用红棕色或棕色画唇。

（五）须发的配合

老年妆可以用染白鬓角及头发，假发套、围巾、帽子等老年装饰。男子除了这些之外，还可以借助胡须塑造年龄感。

第五章

化妆与年龄特征的塑造

第五章
化妆与年龄特征的塑造

思考与练习

1.如何利用线条和素描关系来塑造面部衰老的皮肤皱纹和松弛的肌肉?

2.如何认识学习年龄妆对人物造型设计的作用?

3.在化妆中如何表现减弱与增加年龄的造型?

4.在表现不同年龄时，应如何把握质地的变化的?

第六章
化妆与种族特征的塑造

课题名称： 化妆与种族特征的塑造

课题内容： 种族的外貌特征
其他种族妆的化妆技法

课题时间： 32课时

教学目的： 了解不同人种的结构与特征，掌握不同种族的化妆技法与完整造型。

教学方式： 讲述理论知识并配合多媒体教学；教师用实验来证实理论的客观性。

课前（后）准备： 化妆配件及化妆材料和化妆工具。

第六章
化妆与种族特征的塑造

在艺术表演中，尤其是戏剧表演，经常会演出外国剧目。而有些导演或者有些演出风格需要我们把中国演员化妆成和外国人非常相像的造型。所谓外国人，即除中国人以外所有的其他人。但是从人种上来区分，许多国家的人都属于同一个种族，虽然生活在不同的国度，但是由于种族的原因而拥有相似的体貌特征。比如中国人和日本人、韩国人等，都属于黄色人种，在身材高度、皮肤颜色、毛发色彩、五官结构等几乎所有的外形特征上都很雷同。但是我们和欧洲人、非洲人相比，差异就非常明显。无论是脸的形态还是毛发的颜色以及皮肤色彩都完全不一样，这就是种族的特征区别。

第一节　种族的外貌特征

种族，即为人种，是指那些在体型和总体基因内容（即基因库）上具有相同特征的人群。美国人类遗传学家斯特恩给“种族”下定义是：一个在地理上或文化上多有隔离的一部分人类，他们的总体基因内容不同于所有其他类似的隔离群。这个定义既符合人类主要种族的情况，也适用于人数较少的种族。而我们可以观测到的人体外表特征，正是环境和人类自身遗传之间相互作用的结果。

而种族是人类漫长的历史进化的产物，它基本上不会随着社会形态的变化而改变。在一般情况下，一个种族可以包含多个民族，但是，一个民族不可能由多个种族所组成。

根据人类遗传学特征差异大小和地理分布情况以及国内外关于人种的资料，大致可以把人类分为四大种类：黄色人种（亚美人种）、白色人种（欧罗巴人种）、黑色人种（阿非利加人种）、棕色人种（大洋洲人种）。

一、黄色人种

黄色人种主要分布在亚洲和美洲，其主要类型和特征是：棕黄色的皮肤；黑色直发；突出的颧骨；眼睛多呈深褐色；多数人的眼外眦高于内眦，眼裂开度较细长；中鼻型，鼻梁较直；颧骨突出；脸面偏平；唇厚中等；头型属圆头形或超圆形。但是印第安人的鼻梁较高，鼻子轮廓明显。爱斯基摩人的鼻子较狭小而四肢比印第安人稍短一些，身材较矮胖。

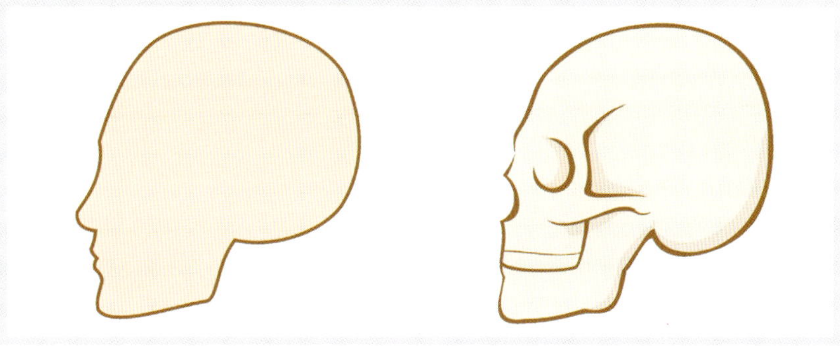

主要分布在沙特阿拉伯、伊朗、伊拉克、叙利亚和土耳其等地区的西亚种族，虽然也是深色黑发，但也有微波形的。皮肤偏白，椭圆形脸；挺直或波形的鼻梁；身高中等。中国、朝鲜、日本的绝大多数人口属于东亚人种。东南、西南地区和南亚各国人大多数属于南亚种族。他们的身材比东亚种族略矮，体重较轻；肤色呈棕黄色；眼睛为褐色或黑褐色；眼睛开裂比东亚种族的大，因而外形显得大而圆；常常为双眼皮；具有水平内外眼角的人数比东亚种族要多；女性为超阔面型；鼻子属阔鼻型；上唇较厚，嘴唇较前凸。

另外，在我国新疆地区有许多少数民族与白种人有血统的混杂。因此，他们的肤色较浅，眼色和发色也较浅。在西伯利亚和中亚地区还有北亚种族和中亚种族类型。南西伯利亚种族更具有独特的黄种人与这种人血统混合的遗传体质特征。

二、白色人种

白色人种根据体质形态和地理分布，可分为北欧、中欧、南欧、地中海、印度、阿富汗和乌拉尔地区种族类型。

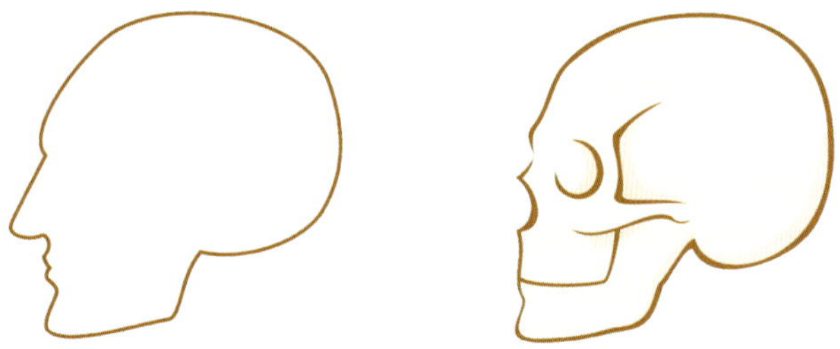

北欧种族：主要分布在挪威和瑞典等国。具有白皙、呈淡玫瑰红色的皮肤；眼色与发色都很浅；眼睛虹膜色彩呈蓝色、碧色等；金栗色、金黄色和棕黄色等头发呈波浪形弯曲；身材高大；男性平均173厘米以上；头、面部稍长，属长头型和狭面型；鼻子狭长，鼻梁高，鼻尖下垂；嘴唇薄；颌正，或略向后缩；体毛发达。

中欧种族：主要分布在乌克兰到匈牙利、瑞士以及比利牛斯山一带。这个种族的人体型壮实、中等身材；头、面部比较宽短、面阔而较圆；颏部稍尖；栗色波形头发；眼色多为褐色；鼻宽而稍短。

南欧种族：主要分布在吉罗耳到南斯拉夫的第拿里、阿尔卑斯山脉和巴尔干半岛地区。具有直或微波形的柔软黑褐色头发；体毛发达；鼻子高而较长；鼻梁直、鼻尖下垂，呈鹰钩鼻状。

地中海种族：主要分布在意大利、法国、地中海沿岸的利比亚和北非各国。他们的头、面部稍长；颧骨位置低，且呈椭圆形；鼻狭长、鼻梁较高；唇稍厚；体毛丰富；肤色大多为浅棕色。

印度、阿富汗种族：中亚和南亚之间频繁的贸易往来，使得阿富汗成为一个多民族的国家，境内有十多个民族。努里斯坦等民族具有白种人的种族特征。如皮肤白皙，呈波浪形的金黄色头发，蓝眼睛等。

乌拉尔种族：主要分布在芬兰、匈牙利、白俄罗斯和乌拉尔地区。他们是黄种人和白种人互相混杂的中间类型。与北欧等种族有着明显的差异。头发色较浅、发质软；眼色较特殊；鼻梁较低直；鼻型为较宽的中鼻型；颧骨突度不明显；肤色较白；胡须不多。

三、黑色人种

黑色人种具有黝黑的皮肤，棕黑色卷曲的螺旋形头发；宽短的鼻子；横位的鼻孔；大多数人的唇厚而外翻；颌部明显突出；眼睛虹膜色彩较深。根据地区的差异可分为西非、中非、东非和南非等种族。

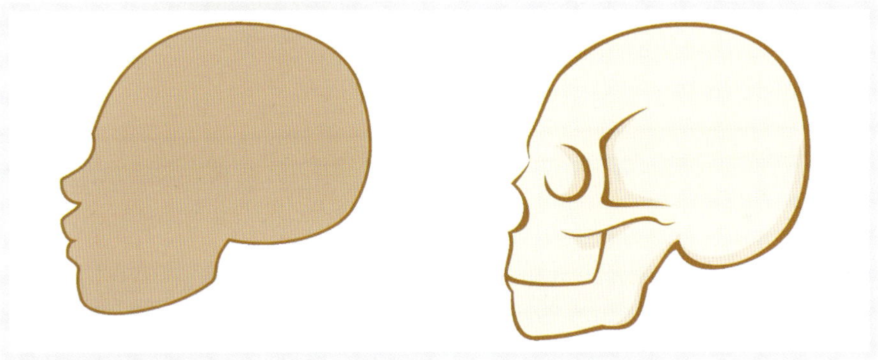

西非种族：主要分布在西起佛得角群岛，东到内陆地乍得湖、南濒几内亚湾、北抵撒哈拉沙漠的广大区域。尼日利亚、贝宁、多哥、加纳、利比亚、几内亚、马里和尼日利亚等国家的居民，大多数都属于这样种族类型。其外形特征是身材较高；头发细而卷曲，成螺旋状紧贴头皮；唇厚；鼻子较宽；眼裂开度较大；肤色深黑。

东非种族：主要分布在索马里、吉布提、肯尼亚、乌干达、坦桑尼亚、卢旺达等八个国家。他们的身材瘦长；肤色相对较浅，棕黑色；头发卷曲、蓬松；面型狭长而下颏略尖。

中非种族：主要分布在扎伊尔、刚果、乍得和中非等地区的丛林地带。他们身材矮小；唇较薄；肤色呈棕褐色；从外表形态特征来看，东南亚和南非的某些部落与中非种族有相似之处。

南非种族：主要分布在赞比亚、马拉维、津巴布韦和纳米比亚等七个国家和三个地区。他们的头发紧卷成螺旋状，并有卷发间隙；肤色呈黄棕色或深棕色；鼻梁低平；鼻根较凹。

四、棕色人种

棕色人种，过去也有人称之为澳大利亚——尼格罗人种，或称系统不明的人种。后来，著名人类学家魏敦瑞、赫胥黎和蒙坦古等研究了人类自古至今的体质特征，证明大洋洲的各个不同人群与其他大陆的不同人群存在很大的差异。因此主张把现代人分为四大类，并称其中的澳大利亚人种为棕色人种。

澳大利亚种族的特点是：赤褐色或深褐色的皮肤；棕色的眼睛；波纹形的黑色头发；眉弓显著；唇厚而稍突；长头型；宽扁的鼻型；低凹的鼻梁；身材中等；胡须、体毛发达。

第二节　其他种族妆的化妆技法

化妆所要体现的应该是某一个国家的人，首先是确定这个人属于什么种族。在这样的大前提下再在细节上将角色处理成某个国家或者某个国家某个时期的人，才能取得理想的效果。

首先要了解形成种族外貌特征的各种因素，并掌握不同种族的人们在骨骼、头型、皮肤、五官、毛发等许多方面的生理特征和外形特征。其次也要了解不同国家和不同历史时期的外国人物形象。比如，同为欧罗巴人种，东欧、西欧和北欧是有些差别的，这些差别的产生也是种族因素之外的生活环境等因素造成的。

发型对于形象来说是最重要的部分，成功的发型能够弥补化妆所无法完成的内容，而发型由于所处部位以及面积的因素，往往在视觉上容易给观众留下比较深刻的印象。如果是男性，根据角色的需要，配以适合的胡须，也会得到比较理想的化妆效果。

但是，当随着各种族与民族之间的文化交流突破了以往的许多界限，现代人对文化的感知和认同已经不再完全受地域文化或种族文化所束缚和限制。绝大部分民族都在继承自身文化的基础上，宽容地接受外来文化。因此，塑造人物时，既要寻找具有代表性的种族特征，又要根据剧情的需要，创造出富有时代感的角色形象。

我们平时最常用到的是白色人种和黑色人种的化妆技法，所以在以下的篇幅中我们就重点来学习这两种妆。其实白色人种或者黑色人种，都是一个大的概念，我们所说的人种特征和化妆技法也是一种大的概念和范围。而在具体化妆造型时，首先要考虑角色的要求。只有在大的特征基础上，塑造出符合角色要求的形象才是成立的。

一、表现白色人种的化妆技法

（一）结构差异

从外形上看，黄色人种和白色人种的差异主要有以下几个方面：

1.皮肤

黄色人种的皮肤色以棕黄为主，浅一点的也是白里透黄。而白色人种的皮肤色较浅，但也并非很白，而是白皙中呈现绯红，也有的皮肤甚至呈砖红色。

2.脸型

白色人种的头型窄长是个很明显的特征。从侧面看，脸部的侧面到正面的转折角度小，形成一种窄长的脸形。

3.结构

黄色人种的面部结构扁平，而白色人种的面部结构有比较明显的起伏。这种结构的起伏从正面看是：额头高；鼻梁高；下颌骨突出；眼窝凹陷。白色人种的鼻梁高而挺拔，偏长；唇薄，唇轮廓清晰；下颌部前突、颌沟明显。

4.眼睛

黄色人种中的单眼皮比较多，而白色人种则大多数是双眼皮；黄色人种的眼睛是内眼角低于外眼角，而白色人种则相反，大多数的眼睛都是外眼角低于内眼角。白色人种的眼裂开度大。除了外形的差异外，眼睛的虹膜和巩膜也有色彩上的差异。白色人种的虹膜色彩比黄色人种丰富，有浅褐色、蓝色、碧色等，而黄色人种以深褐色为主。

5.毛发

白色人种毛发色彩丰富，大多数人的发色比黄色人种浅，主要有金色、褐色、棕黄色、栗色，也有深褐色和黑色。由于黄色人种的头发横切面是圆形的，而白色人种的头发横切面是椭圆形的，所以白色人种的头发一般都比较细软，有自然的弯曲，而黄色人种的头发比较硬直。此外，白色人种的体毛一般比黄色人种浓密，包括眼睫毛。白色人种男性有蓄胡的习惯。

（二）化妆技法

将中国人化妆成白种人，应该抓住几个主要的方面。首先是把握大的造型结构，从大关系上调整东西方人的差别。要使东方人较平的脸部通过化妆而接近白色人种的脸部特征，完全用色彩来造型有时是比较困难的，要借助毛发或者塑型化妆等多种化妆手段来共同完成。

1.底色

通常在化妆时，我们总是首先想到要用底色来改变皮肤的颜色，而实际上，用单一的浅色来改变面部的皮肤颜色不利于塑造形象，因为脸型的结构是化妆中重点要解决的，而在涂底色的时候就要结合脸型的改变而采用深浅不同、冷暖不一的色彩。在化妆的第一步就紧密地结合骨骼结构来化，这样就容易在外形上有比较大的改变。所以我们在选择底色的时候，应该根据角色的要求来确定，有时候，过于白的底色反而会使得脸部显得更扁平。

2.结构

通过前面的结构讲解，我们可以清楚地看到白色人种的骨骼特征，在涂底色的时候，在应该突起的部位涂上浅亮的颜色，在应该凹陷的部位涂上略深、略灰的色彩。用腮红来配合脸形的改变，这样就在大的结构上有了比较准确的基础，而在这个基础上再刻画细部就容易成功。

3.眉眼

眼睛和眉毛是白色人种很有特点的部位，也是化妆时要重点刻画的地方。而眉毛和眼睛又是相互影响的，眉毛的高低，长相和浓淡都会对眼睛的形象产生影响。在化妆时，不能把眉毛和眼睛分开来化，而是要将它们作为一个整体的局部来设计。比如，要想使眼睛凹陷，单单在眼睛部位用颜色是不够的，如果在眉毛与眼睛的距离上，在眉毛的形态上，在眉弓和眶上缘先造成一个突起的状态，这样就为眼睛的凹陷铺下一个良好的基础。在刻画眼睛的时候，有多种方法可以用，首先是要看化妆对象的具体条件，其次还要确定化妆的分寸（要看演出的要求和环境等因素），但以下几个方面是化妆眼睛部位时要注意的细节：

（1）要使得眼睛凹陷，首先提亮眼睛周围的部位，如鼻梁、眉弓、眶上缘、颧丘等。

（2）用灰色调强调眼睛部位的凹陷，如鼻侧、眼窝、外眼角等，浅蓝、浅绿、浅棕、紫灰、蓝紫灰等一些偏冷灰的色彩容易在视觉上形成凹陷的感觉。

（3）用眼线改变眼睛的形状，使眼睛的形态接近欧洲人种的眼形，如拉高内眼角，压低外眼角，加大眼裂，加强双眼睑等。

（4）改变眉毛的形态，以突出眼睛的结构。当然，眉毛的形态还要考虑角色的需要。

4.唇部

刻画唇部，通常情况下，白色人种的唇部形态和黄色人种也是略有差异的，白色人种的唇廓比较清楚，唇形偏大，嘴角明显，色泽红润。同样，嘴唇的形态也是传达表情和性格的重要部位，在刻画唇形的时候也要从人物的需要出发。

5.毛发

可以利用毛发的染色和卷烫技术，使黄色人种的黑褐色直发变成白色人种的浅色卷发。还可以使用一次性的喷彩，对头发的颜色进行改变，但是这种做法比较夸张，发色、发质均不太自然，仅适合表演化妆。男性角色配合粘贴白色人种的卷曲胡须，使其更符合人物需要。

（三）注意事项

不同时代、不同地域的白种人在穿着打扮上各有所好，是化妆造型时的重要依据，不同生活环境、性别、性格等因素也是表现白种人妆时要考虑到的差异所在，特别是对肤色、妆色的选择要灵活。在表现不同年龄的白种人时，其结构要有微妙的变化。皮肤和肌肉的松弛状态以及皱纹部位和形状，要符合白种人的立体结构。由于其肤色较浅，在表现结构和皱纹时，在色彩的运用上要注意。

（1）化妆老年人，结构变化非常重要。白种人鼻挺眼凹，老了也是一样。所以先要将老年人的凹凸结构及肌肉松弛部位画准确。然后在大结构准确的基础上画一些主要的皱纹。白种人的皱纹比黄种人显立体。

（2）虽然白种人妆底色很浅，但在表现老年时，底色的选择不能太白，否则表现衰老结构和皱纹时再提亮就不明显了。因而用黑、白、灰色彩要统一于浅底色，特别是表现皱纹和结构的阴影色，不能太深，否则会显脏。提亮色虽浅，但不能用白，会显浮。为表现老年人皮肤偏红的特点，可以在定完妆后在脸廓、鼻头处轻扫一些浅色腮红。

第六章

化妆与种族特征的塑造

二、表现黑色人种的化妆技法

（一）结构差异

从正面的脸型及五官来看，黄种人与黑种人的区别也是显而易见的：

1.皮肤

黑色人种最主要的特征是肤色黑。西非、南非人的肤色较深，呈紫黑色；中非、东非人的肤色相对浅一些，呈棕黑色。

2.头型

黑色人种的头型呈广型，与黄色人种的中国人相比较，在头型上有较明显的区别。

3.结构

黑色人种的额骨向后倾斜，眉弓与眶上缘明显突出；颧骨距离宽、颧弓弯度大；下颌略翘；脸型较宽。

4.局部

眼裂大，双眼睑皱褶明显；鼻根低、鼻孔横位、鼻型短而宽；口大唇厚、略向外翻。

5.毛发

毛发也与黄种人不一样，黑色人种是卷曲螺旋形的棕黑色毛发。由于其种族特征的影响，黑种人的发型形成很明显的特征，比如短而浓密的小卷发，女性的小辫子，包头巾等。

（二）化妆技法

表现黑色人种的化妆包括这样几个步骤和技法：

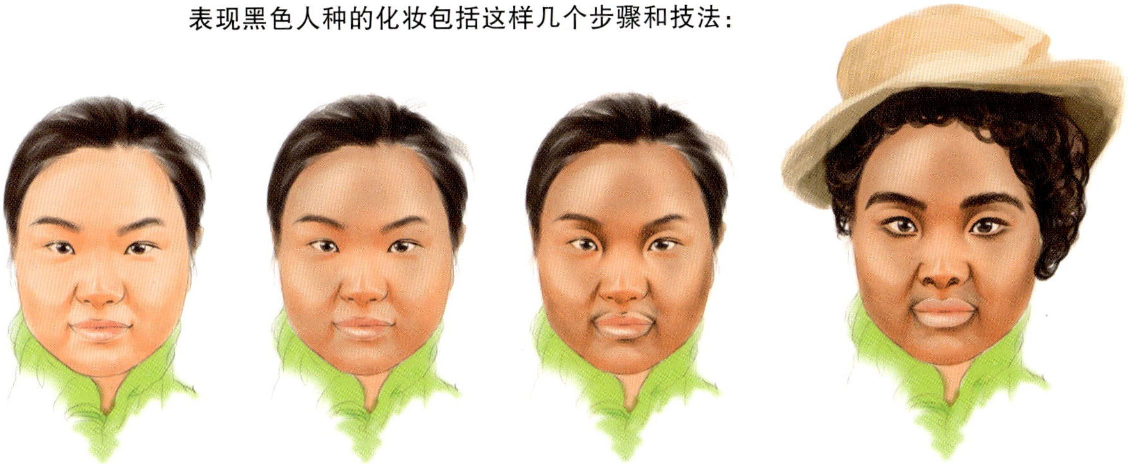

1.改变肤色

将角色化妆成黑种人，皮肤颜色的表现不可能完全像生活中那么黑。因为用很深的黑色作为皮肤底色，在舞台灯光之下，肤色会更显灰暗。其次，在深黑色的肤色上，很难再用其他颜色来表现脸部结构及角色所需的表情特征。而且，深黑色的油彩在脸上很难涂抹得非常均匀。因此，如果用褐色、棕色、紫褐色来作为黑人妆的底色便比较合适。涂底色时，可以用涂抹两层底色的方法来解决底色可能出现的不均匀现象。并且在涂底色之前，不要在脸上抹太多的油，油多了，底色更加难以涂抹均匀。

2.强调结构

在涂抹底色以后，用浅于底色的提亮色（在底色中加黄或朱红或浅棕等）涂抹在应该突起的部位，以强调黑色人种的特殊结构。然后将深于底色的阴影色（在底色中加少量黑色或蓝色），涂抹在眼窝、鼻根、鼻底等处，强调凹陷或应减弱的特征结构。

3.刻画五官

（1）画眼睛时，可以用美目贴或绢纱将演员的眼睛粘成大而明显的双眼皮，也可以用画的方法，在演员上眼缘的上方画出一条弧线，形成大而圆的“双眼皮”。这种假的双眼皮的形状、宽窄要根据演员本身的条件来决定。如果演员原来的眉眼间距较宽，画的余地就大一些。反之，如果演员原先的眉眼间距较窄，可以将演员本身的眉毛用眉膏盖住一些，然后用底色涂掉，以增加眉和眼的间距。画好这条眼线以后，用褐色、棕色将黑线向眼窝处渐渐隐没，颜色越来越浅，直至与眼窝和眶上缘的颜色衔接起来。使用这种由深至浅的柔和化妆技法，所画的假双眼皮就很真实。然后，再用浅色涂抹在假双眼皮的皱褶内。所用的浅色可以根据实际情况来定，如浅蓝色、浅紫色、粉色、浅红等。涂上浅色以后会使得眼睛分外清晰明显。在这之后，再在睑缘上画眼线，并粘上假睫毛。画下眼线时，可以将线条略微离开本身的下睫毛一点距离，并在这段空白内涂上浅蓝色，以扩大眼白，使得眼睛显得大一点。

（2）可以用黑色油彩或黑色眉笔描画眉毛。眉的形状可以根据演员所扮角色的需要来确定。虽然在深肤色上画黑眉，色彩比较接近，但是，还是要画出眉毛的立体感。

（3）画鼻子时，先用深色阴影画鼻侧影，但是不宜将其向下延伸，而是画成向外的弧形。然后用阴影色画出扁宽的鼻翼。勾画时，要在演员原来的鼻翼外侧勾出所需要的形状，然后用底色加浅色将新画的鼻翼线与本来的鼻翼连起来，再用黑色把本来的鼻孔向上、向外侧拉大。

（4）化妆黑色人种的嘴唇时，先用深于底色（也可以浅于底色）的线条勾画出略厚的饱满唇形，然后在新的轮廓线中涂上唇色。由于黑人肤色很深，涂浅一些的唇色效果会比较好，比如浅玫红、浅朱红、浅棕红等。

4.深色定妆

整个化妆完成以后，用深色的定型粉定妆。不要忽略耳朵、脖子、手及其他裸露部位，这些裸露部位的肤色应该与脸部的肤色一致。

5.改变发型

发型是人物外部形象中一个很重要而显眼的特征，如果仅仅靠化妆是很难达到理想效果的。要改变演员的发型，除了要以黑色人种的主要发型作为设计依据以外，还要从角色的其他方面考虑。比如年龄、身份、生活环境等。先找出最有代表性的发型。可以将演员本身的头发烫成黑种人的发型，也可以制作合适的发套。

6.增加装饰

黑种人的装饰品的色彩及式样也是很独特的，有的角色还可以用包头巾、戴帽子等。

（三）注意事项

在表现不同年龄的黑种人时，其结构要有微妙的变化。皮肤和肌肉的松弛状态以及皱纹部位和形状，与黄种人基本相似。但是，由于其深黑的肤色，在表现结构和皱纹时，光影的变化对比相对较弱，所以，在色彩的运用上要注意一些问题：

（1）化妆老年人，结构变化比皱纹更重要（尤其是黑人妆）。所以先要将老年人的凹凸结构及肌肉松弛部位画准确。然后在大结构准确的基础上画一些主要的皱纹。如果皱纹画得太多、太碎，会使妆面很脏。

（2）由于黑人妆底色很深，因而用黑、白、灰度色彩效果来表现皱纹和结构的立体形态就不太容易。在化妆时，不妨将所涂的底色作为中间色，在底色中加入黑色或蓝色形成更深的底色。再在原先的底色里加入黄色、橙色或浅红色，作为亮色。形成这样一组深、中、浅底结构色调之后，在关键部位以及主要的皱纹边，加深色作陪衬，以浅色提亮。在用色的过程中要把握好分寸，既要有色调，又要有色彩层次；既要有明暗对比，又不能使强调的亮色脱离真实。

第六章
化妆与种族特征的塑造

第六章
化妆与种族特征的塑造

思考与练习

1.种族之间骨骼相貌的差异性有哪些差异?

2.塑造各种不同的种族形象的化妆技巧有哪些?

3.毛发对塑造种族形象的作用是什么?

4.质地、色彩对塑造种族形象的作用如何?

第七章
化妆与性格特征的塑造

课题名称： 化妆与性格特征的塑造

课题内容： 各类典型的性格特征
性格妆的化妆技法

课题时间： 48课时

教学目的： 了解不同性格人物的主要外表形象，掌握塑造不同性格妆的化妆表现技法与完整造型。

教学方式： 讲述理论知识并配合多媒体教学；教师用实验来证实理论的客观性。

课前（后）准备： 化妆配件及化妆材料和化妆工具；不同性格的人物的图片收集。

第七章

化妆与性格特征的塑造

性格含有特点、特色、记号、标记等意思。在现实生活中，既被用于标志事物的特性，也被用于标志人物的特性。性格是一个人区别于另一个人的典型特征的综合。人与人的个性差别首先表现在性格上，性格是在社会生活实践过程中逐步形成的。由于各人所处的客观环境不一样，先天的素质不同，形成了各种各样类型的性格。虽然在生活中有的人的外形和他的性格并不很统一，但是，一个人的性格所表现出来的外部形态，都带有自己比较明显的特征。因为性格影响思维，影响表情，影响动作，而人们在长期的生活中所形成的审美定势，也决定了对性格特征的认知和认可。在生活中，可以从人的脸上看到各种各样的表情，也可以看到许多对同一个问题的不同表情动作，这就是由不同的性格形成的。

德国哲学家和文艺理论家狄德罗在《绘画论》中说："什么是表情，一般说来，就是感情的形象"、"每个人的每一时刻，都有他的相貌，他的表情"、"一个人有时生气，有时很注意，有时好奇，有时憎恨，有时轻视，有时高傲不羁，有时欣赏，他心灵的每一个活动都表现在他的脸上，刻画得很清晰，很明显，我们绝不会弄错"。狄德罗又进一步阐释说："应该说在他的嘴里，在他的面颊上，在他的眼睛里，在他脸上的任何部分。眼睛有时发亮，有时光彩全无，有时萎靡，有时目瞳无主，有时注视"，这就是我们借以判断性格的基础。

面部表情原则上是时间、空间的符号系统，即在空间被创造出来，又在时间中变化的符号系统。面部肌肉的运动不断地牵拉着表面的皮肤和内部的骨骼做出各种面部表情，而不断地重复和习惯性的表情会在我们的面部留下永久的符号，这些最常见的情绪状态最终成为其性格特征。面部肌肉符号具有非常大的表现价值，所以，有时它也成功地代替语言。还有一些非语言学的传达形式、情感活动快与不快的肉体感觉、肌肉感觉等相结合的各种表情符号，各种各样的情绪和思考是很容易在人们的脸上描绘出来的。所以，要使这些情绪和思考外化并传达给观者，就要使用表情符号。这些符号和表演者的动作符号结合在一起，就构成了最具个人色彩、最富个性的表现形式。

第一节　各类典型的性格特征

一、正直善良的性格特征

正直善良是人类所共同赞美的美好品格，古今中外的文艺作品都会把英雄人物和希望讴歌的人物塑造成这种性格类型的形象。正直善良的性格往往还与这样一些性格相连：温柔善良，仁爱和平，真诚可信，忠厚耿直，端庄沉稳，宽容和善。在大多数人的心目中，这类人在外貌上具有以下特征：圆形脸或方形脸；面色红润健康；五官端正较为分散；眉型对称眉峰清晰；眼睛大而明亮，目光坦荡；鼻梁挺直，但不是很长；嘴唇红润，轮廓清楚；毛发整洁、饱满。

二、热情爽朗的性格特征

热情爽朗的人既自信又乐观，充满活力，积极进取，无论何时都散发着阳光的气息，喜欢引人注目，本性纯真，充满火热的激情，不愿受到任何约束，身边的人常被其激情所感染。热情爽朗的性格往往还与这样一些性格相连：热烈豪爽，乐观豁达，开朗大方。在大多数人的心目中，这类人在外貌上具有以下特征：圆形脸或正三角形脸；面颊发胖且红润；总是面带微笑；脸部线条纹路以横向居多；眉毛弯弯浓淡均匀；眼角因为经常微笑而有明显的鱼尾纹；鼻头圆形微微上翘；嘴唇圆润嘴角上翘；毛发蓬松。

三、妖艳妩媚的性格特征

妖艳妩媚的性格往往指女性居多，曲线柔美，妖娆多姿，浓烈而风情，拥有迷人的魅力，极富女人味，具有极度的魅力和吸引力。与温柔的淑女相反，妖艳妩媚的性格往往还与这样一些性格相连：性感妖娆、卖弄风骚、香艳动人、魅惑撩人。在外形上，这类性格的主要外貌特征有：身材比例完美；凹凸有致；四肢纤细优雅；肤质细腻；脸型以倒三角脸和瓜子脸为主；脸色绯红；眉毛高挑纤细；眼型细长或丹凤眼；鼻梁挺拔；嘴唇丰满圆润，红艳光泽；毛发柔软亮泽。

四、聪明机智的性格特征

聪明机智的人思维敏捷，心智活跃敏锐，活力充沛，领悟力好，应变力强，具有灵性、十分好学，喜欢思考，喜欢创新，喜欢忙碌和追求新的概念及做事的方法，对事物的思考很快，改变主意也很快。聪明机智的性格往往还与这样一些性格相连：灵巧敏捷、聪慧机灵、活泼可爱、风趣幽默。这类人在外貌上具有以下明显特征：身手敏捷；额头偏大、突起；上庭占脸部比例较大；眼轴线偏低；眼睛灵动好奇、明亮有神；鼻梁瘦长；颧骨较高；下颏稍尖；嘴唇偏薄。

五、凶猛残暴的性格特征

凶猛残暴的性格往往还与这样一些性格相连：凶暴残忍，心狠手辣，冷酷强悍、野蛮暴虐，刚愎自用，凶狠毒辣。同样，在外形特征上，也存在许多为众人所共同认可之处：脸部轮廓硬或满脸横肉；额头小而狭窄；方下巴中间有比较明显的凹窝；眉毛浓密有棱角；眉眼间距近，皱眉头；眼球暴突外眼角下挂；下眼睑处有明显的外翻三角；鹰钩鼻或榔头鼻，鼻孔张开；嘴唇薄而轮廓清楚；嘴角向下嘴唇紧闭；毛发又密又硬，或光头。

六、阴险狡诈的性格特征

古今中外的文艺作品常会把需要批判的人物塑造成这种性格类型的形象。阴险狡诈的性格往往还与这样一些性格相连：圆润狡猾，精明吝啬，多疑猜忌，虚伪善辩。这类性格的人经常会使人联想到的形象有以下一些特征：瘦长的脸型没有什么肉；面颊下陷颧骨突出；下巴尖细往前微凸；细眉高挑或一高一低；双眼之间以及眉毛和眼睛的距离比较近；眼睛凹陷在深深的眼窝里；眼睛小而且有点眯缝；贼眉鼠眼目光闪烁；尖而窄瘦向前伸的鼻子；鼻梁很窄，鼻骨突出，鼻孔深藏；嘴唇很薄，下唇尖；嘴角上翘笑容虚假；毛发柔细而有光泽。

第二节　性格妆的化妆技法

一般我们不会单独的去表现性格妆，因为性格必须是和年龄、性别、种族相结合的。性格是岁月在人脸上的沉淀，年龄越大的人脸上性格的痕迹越明显，所以为了丰富人物，我们经常在表现成人脸部特征时把所需要的性格特征结合进去，相反在表现儿童少年人的化妆时，不会带有特别明显的性格特征，或者只表现正面的性格特征。有些性格特征会使人联想到性别，比如妖艳、妩媚、温柔、良善一般是女性特有的性格特征，如果表现在男性脸上就会变成软弱的性格特征。而勇敢坚强、凶猛残暴的性格特征就比较刚烈，女性在表现这样的性格特征时常常会把她化得像个男人。同样，阴险狡诈的性格特征就偏阴柔，男性在表现这样的性格特征时我们常常会把他化得像个女人。

性格化妆是把人物性格中最突出的特征用比较固定的形式表现在脸部，尤其是五官的形象刻画上。我们学习性格妆，是要了解性格对外形的影响以及各种性格表情在外部形象中的主要特点。把这些主要的形象特征用简练的语言来表示，是我们掌握化妆技巧的重要一课。

但一定要注意，性格妆的体现绝对不能模式化、面具化。性格是个很复杂的课题，而且每个人的性格也是多面性的。比如一个性格正直善良的人同时也可能是一个勇敢刚强的人，一个性格开朗的人也会有忧郁的一面，所以我们所要学习和掌握的性格妆只是概括表现一些主要的表现特征，常常是符合人在生活中所形成的“真、善、美”与“假、丑、恶”的心理定势的。这样的化妆在一些需要观者明显看出人物性格的演出中显得格外重要，比如儿童剧、歌舞剧、音乐剧等。

第七章
化妆与性格特征的塑造

一、表现正直善良的化妆技法

生活中大多数人都是以正面性格特征为主的，所以在表演化妆中我们运用的大多数造型都是表现正面性格特征的。正面性格的化妆首先要把人化漂亮，化干净。其次如果是表现某一国家的人，先要把其种族特征表现好。很多表现本民族的正面性格妆其实不需要太浓，就可以把信息传递清楚了。

1.底色

无论表现哪个民族的正直、善良妆都要有均匀的底色，质地红润有光泽。

2.脸型与结构

面部结构柔和，不要有硬朗的块面，过渡自然。以圆形脸或方形脸为主，如果下颌太尖了，可在下颌两边提亮，下颌尖修饰阴影。

3.五官及局部

眉毛色泽东方人以黑色或褐色为主，眉型适合刻画得清晰有形。五官要端正，所以要尽量画得眉型对称，眼睛大小形状对称，鼻梁挺直，唇型对称。用黑色眼线可扩大眼形轮廓，使眼睛大而明亮。唇膏用接近自然红润的唇色，轮廓清楚，不要模糊不清。

4.毛发

毛发梳理整洁，发型饱满精神。如果中年男性配上胡须，也应注意胡须不能太细太软，形状不能八字下挂。

二、表现热情爽朗的化妆技法

热情爽朗的性格妆常常用来刻画民风淳朴的人们，比如表现能歌善舞的异域风情，特别在歌舞表演中运用的很多。我们一般刻画女性角色时以表现其野性美和淳朴美为主。刻画男性角色时表现其粗犷豪爽的阳刚之气，黝黑健康。

1.底色

底色均匀，色调以棕色为主，质地红润有光泽。

2.脸型与结构

因为总是面带微笑。可以淡化脸部立体感。女性椭圆脸或圆形脸，男性大圆脸或方形脸。

3.五官及局部

淡化鼻侧影，鼻头圆形微微上翘。眉毛弯弯浓淡均匀，形状柔和。黑色眼线，眼形偏圆形，女性加重睫毛的刻画。唇形圆润，嘴角上翘，唇色红润。

4.毛发

毛发坚硬，以蓬松的发型为主。

第七章

化妆与性格特征的塑造

三、表现妖艳妩媚的化妆技法

通过鲜艳夺目的颜色体现女性娇美性感的仪容。一般，身材比例完美、四肢纤细优雅、优美动人的曲线，表现出娇艳成熟之美。另外，再配以华丽的艳色衣着，就更加楚楚动人了。

1.底色

通过底色修饰使肤质细腻，洁白滋润。

2.脸型与结构

脸型以倒三角脸和瓜子脸为主；面部立体欧化。

3.五官及局部

在化妆时要着重强调眉、眼线、唇廓等处的流畅曲线，并施以宝石般鲜艳的色彩。特别是眼部的美艳修饰是重点。睫毛膏用深黑色，这样显得对比强烈、色调艳丽，并在眼尾处粘贴假睫毛。眉可用偏欧式，或用弯挑型。大胆起用饱和度颇高的红色唇膏或唇彩，玫瑰红、大红、中国红可以搭配不同肤色营造出明艳高贵的唇妆效果，唇型饱满，富有魅力。

4.毛发

头发亮泽，宜强调曲线感，以波浪式卷发为主。

第七章

化妆与性格特征的塑造

四、表现聪明机智的化妆技法

灵动、聪慧是这类型化妆的要求。

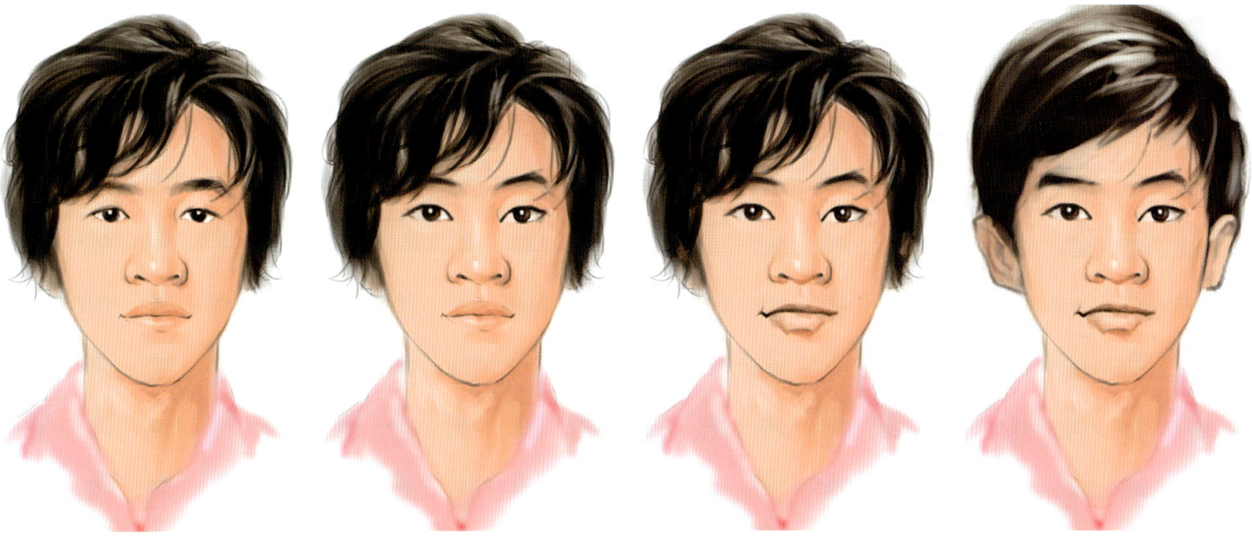

1.底色

通过底色修饰使皮肤细腻有光泽。

2.脸型与结构

用阴影色和提亮色强调立体感，使面部结构清晰、起伏有致、层次丰富。同时适当收敛脸型，处理成上大下小形，额头偏大，而且突起，下颏稍尖。

3.五官及局部

上庭占脸部比例较大，用眼线加大眼睛，强调明亮眼神刻画，突出好奇感。化妆时可以突出两颊和嘴唇处的点缀，嘴唇偏薄，表现智慧感。

4.毛发

干净利落，轮廓分明。

第七章

化妆与性格特征的塑造

五、表现凶猛残暴的化妆技法

这类性格外形夸张，特征突出，非常表情化。可加一些特效处理，如刀疤、刺青等。

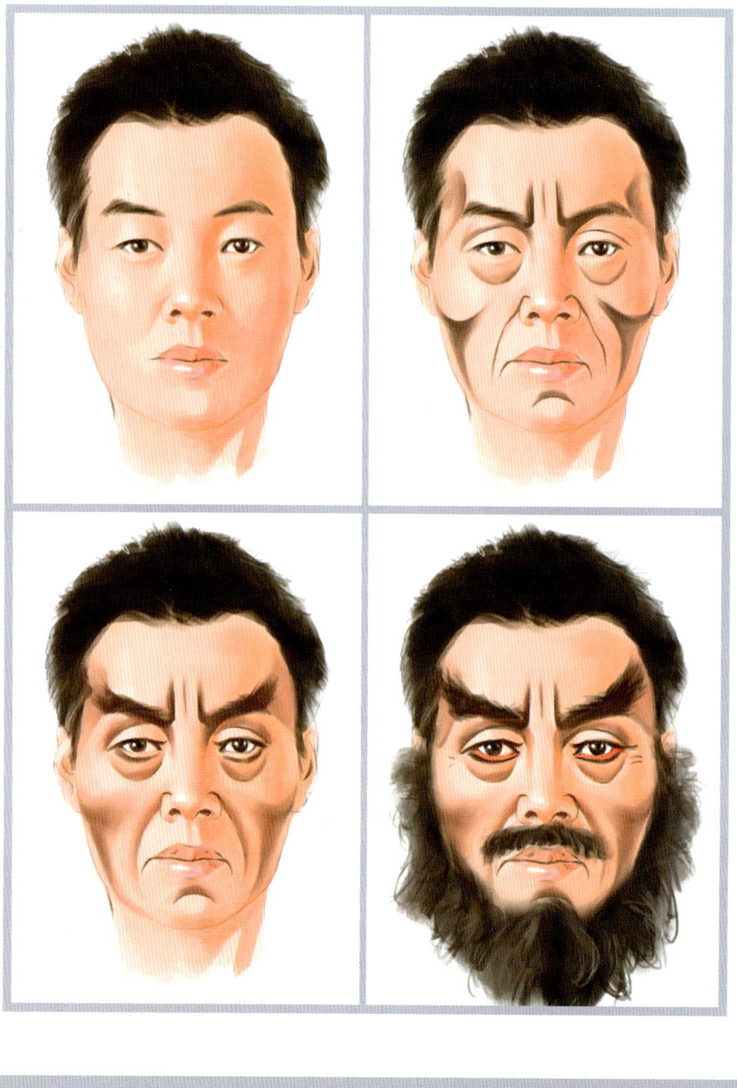

1.底色

底色暗沉或阴冷、肤色不均、质地粗。

2.脸型与结构

脸部轮廓硬或满脸横肉，额头小而狭窄，方下巴中间有比较明显的凹窝；可加强脸部线条纹路，如鼻唇沟提高、直向勾画；强调眼窝深陷、眉弓突出、颧骨大而突出的结构。

3.五官及局部

眉毛浓粗带棱角，眉头紧皱，眉眼间距近。用黑色粗硬眼线刻画眼睛轮廓，特别加重下眼线，表现眼球暴突外眼角下挂，加强三角形下眼袋刻画。鼻部用画或塑型体现鹰钩鼻或榔头鼻，用阴影色勾勒鼻孔，表现张开效果。嘴唇轮廓硬，嘴角下挂且外翻。

4.毛发

发际线低而不规则，毛发浓密粗硬或光头体现。

第七章
化妆与性格特征的塑造

六、表现阴险狡诈的化妆技法

阴险狡诈的性格常常用来表现卑鄙无耻的小人，由于东方人原本的鼻型比较宽直，用绘画的化妆方式很难表达尖瘦立体的鼻子，所以大多数在化妆前需要先用塑型化妆法塑出尖而狭长的假鼻子。眉型如果原本比较粗平的，特别是男性，还需要先用肤蜡遮盖住原有的眉毛。

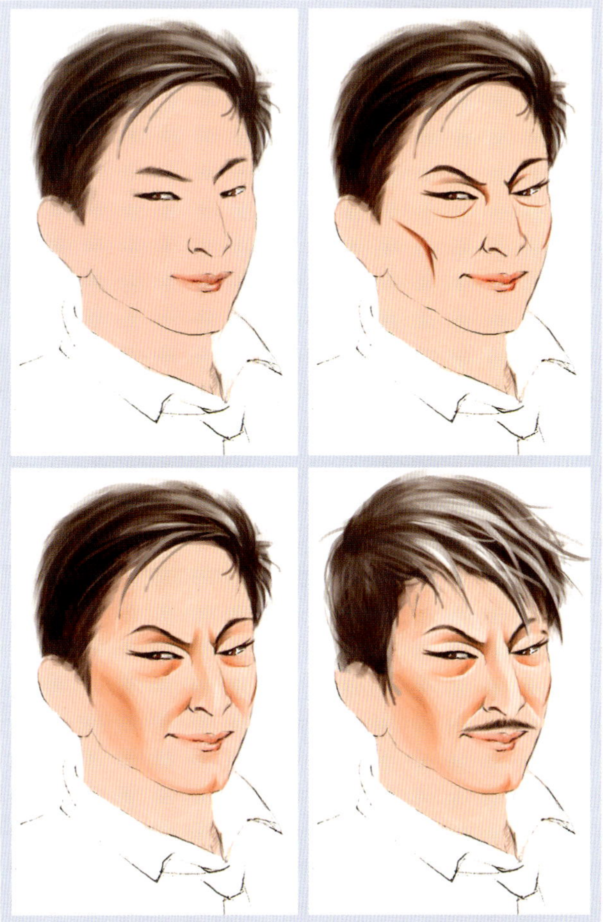

1.底色

底色细腻，色偏白。

2.脸型与结构

瘦长的脸型，立体感强。加强颧弓下陷使脸颊凹陷，提亮颧骨使其更加突出，下颏尖提亮，下颏两侧打阴影使其往前微凸。脸部多刻画纵向线条纹路。加强眼窝深陷的阴影，使眼睛凹陷在深深的眼窝里。

3.五官及局部

拉近双眼之间以及眉毛和眼睛的距离。男画女眉，纤细高挑，一高一低。内外眼线拉长，呈三角眼形。鼻梁提亮特别窄，一直提到鼻尖，呈三角形。描画薄而有棱角的唇形，下唇两侧尖，嘴角上翘，唇色红艳。

4.毛发

毛发少而细软，紧贴皮肤，梳理得一丝不苟，油光锃亮。男性胡须呈八字胡。

第七章

化妆与性格特征的塑造

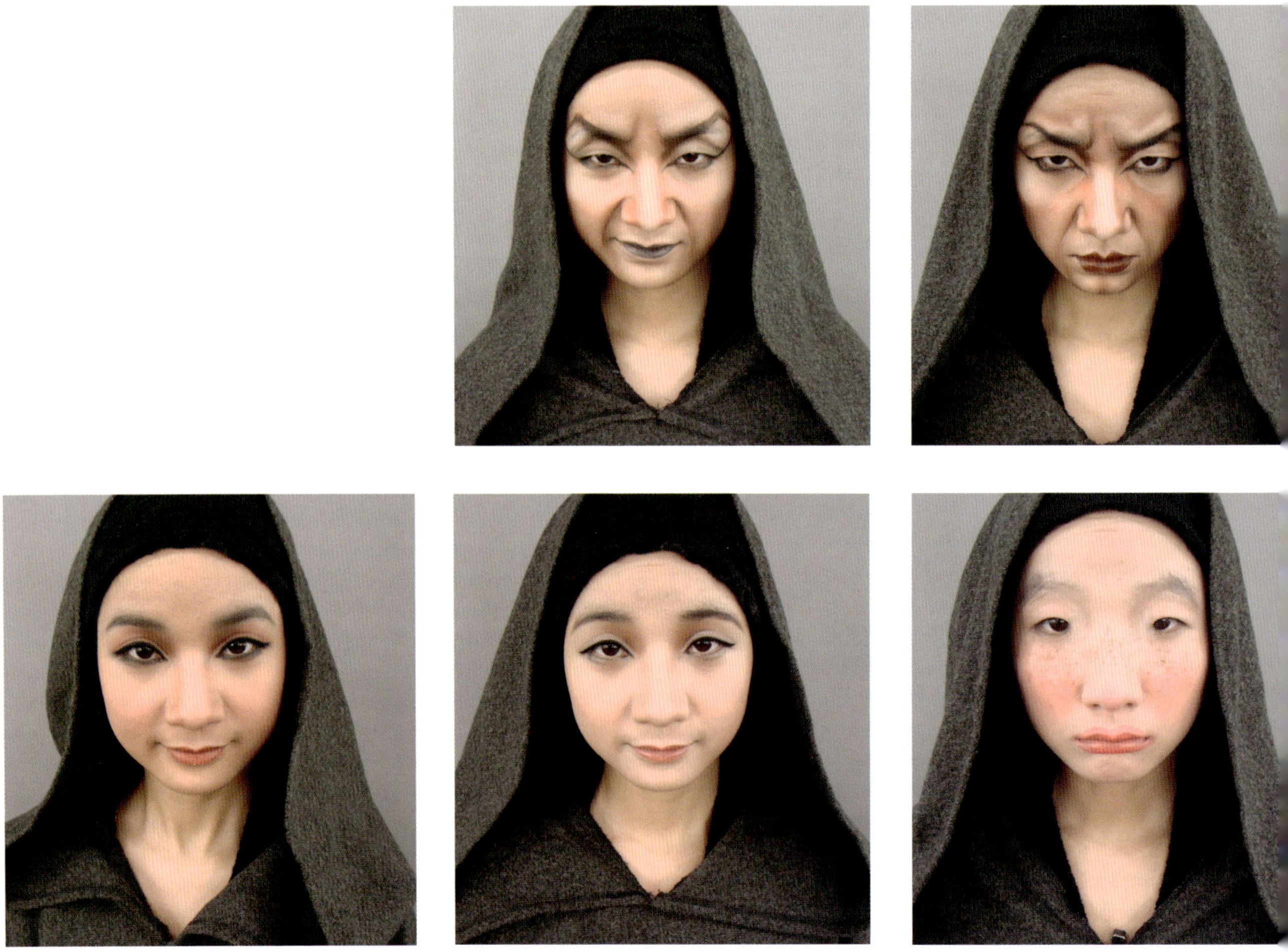

同一模特不同性格的塑造

思考与练习

1.不同性格特征的主要外表形象有哪些?

2.不同性格塑造的化妆技术有哪些?

3.毛发、色彩、质地对塑造不同性格人物的作用如何?

后记

写化妆专业的教材是一件很不容易的事情，因为这个专业的时代性很强，需要不断地更新。20世纪八九十年代，我曾经写过几本关于化妆和发型的书，在当时产生过不小的社会影响，而现在再去看这些书，感觉“惨不忍睹”。 在这十几年间，一切都发生了巨大的变化。这让我想到了夏尔·波德莱尔的一个观点，他认为：现代性的变化只发生于艺术的一半，艺术的另一半是“永恒不变”的。现代性代表艺术中变化的那半部分，而不变的那半部分是留给绝对和永恒的。

我想把化妆造型上的现代性和变化解释为当时崇尚的一种风格，而把永恒和不变理解为人对美的基本认知和化妆上的基础技能。希望让学生运用这些技能来举一反三，以不变应万变的造型能力来创造属于他们自己的时尚与艺术作品。

这本教材本该早就完成的，可是2007年与出版社签定合同之后不久，我就参加了2008年北京奥运会开幕式化妆造型设计的筹备工作，一去就是一年的时间。而和我一起编写教材的张天一、范丛博、冯燕容几位老师，也一起到开幕式参加化妆工作，这样一来，便一拖再拖至今。

书中的一些图例基本上都是低年级学生的化妆基础课堂作业。由于是同学间相互做模特，而且没有服饰制作费用，加上没有将作业进行电脑修图，所以一切都很真实，我们的目的只是记录教学的过程，以给予初学者实实在在的借鉴与参考。

董锦、陈嘉雯、刘峰、陈皓、江玲君参与了插图，排版是赵兴、李建法完成的，在此一并致谢。

徐家华

2009年8月15日